ATLAS OF NATIONAL KEY PROTECTED
TERRESTRIAL WILDLIFE
IN LIAONING PROVINCE

辽宁省国家重点保护
陆生野生动物图鉴

辽宁省林业和草原局 ◎ 编

中国林业出版社
China Forestry Publishing House

图书在版编目（CIP）数据

辽宁省国家重点保护陆生野生动物图鉴 / 辽宁省林业和草原局编 . -- 北京 ：中国林业出版社，2022.12
ISBN 978-7-5219-2044-4

Ⅰ . ①辽… Ⅱ . ①辽… Ⅲ . ①陆栖－野生动物－辽宁－图集 Ⅳ . ① Q959.308-64

中国版本图书馆 CIP 数据核字 (2022) 第 254217 号

责任编辑 于界芬 于晓文

出版发行 中国林业出版社（100009，北京市西城区刘海胡同 7 号，电话 010-83143549）
电子邮箱 cfphzbs@163.com
网 址 www.forestry.gov.cn/lycb.html
印 刷 北京博海升彩色印刷有限公司
版 次 2022 年 12 月第 1 版
印 次 2022 年 12 月第 1 次印刷
开 本 889mm×1194mm 1/16
印 张 10.25
字 数 300 千字
定 价 168.00 元

辽宁省国家重点保护陆生野生动物图鉴
编委会 ——————————

主　　任　金东海

副 主 任　姜生伟　王世铭　张育红

委　　员　赵文双　邓宝余　王雪松　张凤江

顾　　问　万冬梅　杨宝田

主　　编　张育红

副 主 编　赵文双　张凤江　孙晓明

编　　委　（按姓氏笔画排序）

　　　　　　王小平　李大威　张海龙　张　厦　韩学喆

校　　稿　张海龙　韩学喆

图片提供　孙晓明　张凤江　王小平　刘　涛　顾晓军

　　　　　　张　明　孙克信　刘　刚　丫　鱼　李俊海

　　　　　　石静耸　董丙君

辽宁省国家重点保护陆生野生动物图鉴

ATLAS OF NATIONAL KEY PROTECTED
TERRESTRIAL WILDLIFE
IN LIAONING PROVINCE

前　言

　　野生动物是自然生态系统中不可替代的重要组成部分，具有重要的生态、科学和社会价值。保护野生动物对于保护生物多样性，维护生态安全、生物安全和公共卫生安全，推进生态文明建设，促进人与自然和谐共生具有十分重要的意义。辽宁省地处我国东北地区南部，境内有山地、丘陵、平原、湿地和海洋等多种自然环境，气候温和，生境复杂，是东北、华北、蒙新三大动物区系和长白、华北、蒙古三大植物区系的交汇地带，也是东亚—澳大利西亚候鸟迁飞通道的重要停歇地，野生动物资源比较丰富。全省陆生野生动物种类繁多，有哺乳类、鸟类、爬行类、两栖类 4 纲 31 目 107 科 582 种。其中有国家一级保护野生动物 36 种，国家二级保护野生动物 105 种，珍稀濒危野生动物有原麝、丹顶鹤、白鹤、东方白鹳、黑脸琵鹭、黄嘴白鹭、黑嘴鸥、蛇岛蝮等。

　　为提高国家重点保护野生动物管理和执法水平，帮助社会各界全面了解辽宁省国家重点保护陆生野生动物的形态特征、生活习性、分布范围等基本信息，辽宁省林业和草原局组织编写了《辽宁省国家重点保护陆生野生动物图鉴》。本书共收录辽宁省有分布记录的国家重点保护陆生野生动物 4 纲 20 目 41 科 141 种。本书内容丰富、资料详实、图片清晰，既是辽宁省野生动物保护的工作成果，也是宣传保护工具书，对于野生动物保护管理、执法和科研人员很有帮助。希望此书能够激起公众的野生动物保护热情，提高公众的野生动物保护意识，动员全社会力量参与野生动物保护，推动野生动物保护事业高质量发展。

　　因编者时间和专业水平有限，书中如有不妥和疏漏之处，敬请批评指正。

本书编委会

2022年12月

辽宁省国家重点保护陆生野生动物图鉴

ATLAS OF NATIONAL KEY PROTECTED

TERRESTRIAL WILDLIFE

IN LIAONING PROVINCE

目 录

第一部分　国家一级保护野生动物

哺乳纲　Mammalia

鸟纲　Aves

爬行纲 Reptilia

两栖纲 Amphibian

第一部分 ◀

国家一级保护野生动物

紫貂 *Martes zibellina*

英文名 Sable　　　　　**分类地位** 食肉目　鼬科

保护级别　国家一级。

形态特征　中小型兽类。体长约 400mm，尾长约 130mm，体重 1kg 左右。身体细长，头部呈三角形，耳大直立呈三角形，耳端略圆；四肢短而强健，尾毛蓬松，尾长约为体长的三分之一。体色以黄褐色和黑褐色为主，头颈部毛色较浅，耳缘污白色；喉胸部有不定形的淡黄或橙黄色斑，腹部色淡。夏毛与冬毛相比更短，毛色更暗、更深。

生活习性　主要生活在海拔 800~1600m 的气候寒冷的亚寒带针叶林与针阔叶混交林，且喜近溪流的地带，主要为地栖。除繁殖期外多独居，行动敏捷，善于爬树。主要以啮齿类为食，亦食小型鸟类、鱼类、昆虫、坚果、浆果和植物等。一般每年 6~8 月交配，以石缝或树洞等为巢，翌年 4~5 月产仔；每胎 1~5 仔，幼仔 15~16 个月性成熟。寿命最长可达 15 年。

分布范围　省内主要分布于本溪地区。国内仅见于东北地区和新疆北部。国外主要分布于芬兰、日本、朝鲜、蒙古、波兰和俄罗斯。

豹 *Panthera pardus*

英文名　Leopard　　　　　　　　分类地位　食肉目　猫科

保护级别　国家一级。

形态特征　大型兽类。体长 1000~1910mm，尾长 700~1000mm，雄性体重 37~90kg，雌性体重 28~60kg。头圆，耳短，四肢相对短小，尾长一般介于头体长的 60%~75%；体毛以灰黄色为主，布以黑色和花瓣状斑点；下颈部、腹部和四肢内侧为白色；尾末端黑色。

生活习性　适应能力强，见于多种生境，在森林、灌丛以及丘陵地区更为常见。营独居生活，主要在夜间活动；尤善于爬树，没有固定的巢穴。与其他大型猫科动物相比，食性更为广泛，包括各种啮齿类、有蹄类、兔类、鸟类和两栖类动物等。一般每年 2 月进入发情交配期，妊娠期 100 天左右，每胎 2~3 仔，幼仔 2~3 年性成熟。寿命约 20 年。

分布范围　省内仅于朝阳地区有分布记录。国内除台湾、海南、新疆和山东均有分布，但目前野外种群数量非常稀少。国外主要分布于亚洲和非洲的大部分地区。

原麝 *Moschus moschiferus*

英文名 Siberian Musk Deer **分类地位** 偶蹄目 麝科

保护级别 国家一级。

形态特征 小型鹿类。体长 650~950mm，肩高 500~600mm，尾长 40~60mm，体重 8~12kg。雄性、雌性均无角，头部狭长，有突出的犬齿，耳大而直立；躯干呈弓形，前肢短于后肢；雄性后腹外生殖器部位具麝香腺，可分泌麝香，腺呈囊状。体毛以深褐色为主，背部有排列成 4~5 纵行的肉桂色斑点，背部斑点不明显，腰、臀两侧斑点较明显，且密集而不分行；嘴、面颊棕灰色，额部毛色较深；耳背、耳尖棕灰色，耳壳内白色，耳基部有时杂有黄色斑；下颌白色，颈部有 2 条自两侧延至腋下的白纹。

生活习性 主要栖息于山地阔叶林、针叶林或针阔混交林中。性孤僻，喜独居，多晨昏活动。食性较广，多以树叶、草本和地衣等植物为食。一般冬季发情交配，怀孕期约 6 个月，多在 5~6 月产仔，每胎 1~3 仔（多 2 仔）；幼仔约 2 年性成熟。寿命约 15 年。

分布范围 省内主要分布于本溪、丹东等地。国内主要分布于东北、山西和新疆北部地区。国外主要分布于亚洲北部。

梅花鹿 *Cervus nippon*

英文名 Sika Deer   **分类地位** 偶蹄目 鹿科

保护级别 国家一级。

识别要点 中小型鹿类。体长 1050~1700mm，肩高 640~1100mm，尾长 80~180mm，体重 40~150kg。仅雄性有角，通常只分 3~4 叉，第二叉位置较高；鼻端裸露，眼大而圆，眶下腺呈裂缝状，泪窝明显，耳长且直立；主蹄狭而尖，侧蹄小，尾较短。夏季体毛为棕黄色或栗红色，无绒毛，体侧有数行不规整的白色斑点，状似梅花，因而得名。冬季体毛更厚，更深，白斑不明显；腹部为白色，臀部有白色斑块，其周围有黑色毛圈；尾背面呈黑色，腹面白色。

生活习性 多栖息于林间或林缘地带，但喜在空旷的草地觅食。多晨昏单独或小群活动。食性主要以草本、树叶和果实等植物为食。一般每年秋季（9~10 月）发情交配，怀孕期 7~8 个月，翌年 4~5 月产仔，每胎多产 1 仔，幼仔 2~3 年性成熟。雄性 4~6 月脱角。寿命约 20 年。

分布范围 省内主要分布于大连地区，为逃逸种。国内主要分布于东北、东南以及四川、甘肃、青海和台湾等地区。国外主要分布于亚洲东部。

黑琴鸡 *Lyrurus tetrix*

英文名 Black Grouse　　　　　　**分类地位** 鸡形目　雉科

保护级别　国家一级。

识别要点　中等体型的陆禽。体长 440~610mm，体重 1000~1600g。雌雄异色。雄鸟整体呈黑色而略带金属光泽，翼斑白色，尾呈叉状；外侧尾羽长而向外弯曲似琴状；眉块似红色冠状肉垂。雌鸟较雄鸟小，体羽呈黄褐色而具有黑褐色横斑，翼斑不明显，尾圆。嘴黑褐色；虹膜深褐色；跗跖具灰色被羽。

生活习性　主要栖息于中低山地的针叶林、针阔混交林及森林草原地区。常群体活动。多地面取食，主要以植物嫩枝、叶、根、种子等为食，兼食昆虫。属一雄多雌的婚配方式，每年 3 月底至 4 月进入发情期，地上营巢，每年 1 窝，每窝 8~14 枚卵，孵化期为 24~29 天。在辽宁有繁殖记录。

分布范围　省内偶见于西北部。国内主要分布于东北地区、河北北部及新疆北部；属区域性留鸟。国外主要分布于欧亚大陆北部。

青头潜鸭 *Aythya baeri*

英文名　Baer's Pochard　　　分类地位　鸡形目　鸭科

保护级别　国家一级。

识别要点　中型鸭类。体长 420~510mm，翼展 700~790mm，体重 500~730g。雄体头颈部呈黑色，具墨绿色光泽，上体黑褐色；腹部及两胁白色，与胸部栗色对比明显；尾下覆羽呈白色三角状，翼斑白色。雌鸟体羽整体与雄鸟相似，但颜色稍浅；嘴基具棕褐色圆斑。嘴蓝灰色，尖端黑色；虹膜雄鸟白色，雌鸟褐色或淡黄色；跗跖灰色。

生活习性　主要栖息于开阔的水流较缓的湖泊、水塘和沼泽地带；繁殖期多选择芦苇、蒲草等水生植物较多的水面。多在晨昏以成对或小群活动，且常与白眼潜鸭混群。潜水觅食，主要以水生植物为食，也食软体动物、水生昆虫、甲壳类和蛙类动物等。每年 3 月中旬迁往北方繁殖地，繁殖期为 5~7 月，多营巢于水边草丛、芦苇丛或蒲草丛中；每年 1 窝，每窝 6~9 枚卵，孵化期约 27 天。在辽宁有繁殖记录。

分布范围　省内均有分布记录，沈阳有繁殖记录。国内除新疆和海南外均有分布；繁殖于东北、华北和华中地区，迁徙经过东部地区，越冬于华南地区。国外主要分布于欧亚大陆北部，越冬于中南半岛。

中华秋沙鸭 *Mergus squamatus*

英文名 Scaly-sided Merganser　　**分类地位** 雁形目　鸭科

保护级别　国家一级。

识别要点　大型鸭类。体长 491~635mm，翼展 700~860mm，体重 800~1170g。雄鸟头部、上颈部呈墨绿色，枕后具有长而下垂的羽冠；上体黑色，下体和前胸白色，两胁具清晰的黑色鳞状斑纹。雌鸟头部、上颈部呈棕褐色；上体灰褐色，下体白色，两胁亦具有清晰的鳞状斑纹。嘴狭长而微微上扬，尖端带钩，橘红色；虹膜红褐色；跗跖橘红色。

生活习性　主要栖息于开阔的河流、湖泊等处。成对或集小群（家族）活动，只有迁徙前才集成大的群体。潜水捕鱼为主，也食蛾类及甲虫等。每年 4~5 月进入繁殖期，营巢于距离水体较近的树洞内，交配于水中进行，每年 1 窝，每窝 8~14 枚卵，孵化期 28~35 天。在辽宁有繁殖记录。

分布范围　省内主要分布于大连、本溪、丹东、朝阳等地。国内繁殖于东北地区，迁徙经过东部、中部地区，越冬于长江中下游至华南地区。国外主要分布于欧亚大陆北部，越冬于中南半岛。

大鸨 *Otis tarda*

英文名　Great Bustard　　　　**分类地位**　鸨形目　鸨科

保护级别　国家一级。

识别要点　大型陆栖鸟类，体形略似鸵鸟，但能飞翔，雌雄体型相差悬殊。雄鸟体长 90~105mm，雌鸟体长 75~85mm；雄鸟翼展 210~240mm，雌鸟翼展 170~190mm；雄鸟体重 5800~18000g，雌鸟体重 3300~5300g。雄鸟体型粗壮，头颈部灰色，后颈基部至胸侧有棕色半领圈，上体为黑色和棕褐色相间条纹；大覆羽白色，初级飞羽末端和次级飞羽呈黑褐色，飞行时区别明显；下体呈白色，尾羽棕褐色且具黑色横斑；繁殖季节，颏两侧有白色胡须状纤羽，长100~120mm。雌鸟体型明显小于雄鸟，区别在于胸侧无棕色领圈，颏两侧无白色纤羽。嘴暗灰色；虹膜暗褐色；跗跖灰褐色。

生活习性　典型的草原鸟类，主要栖息于开阔平原、干旱草原、稀树草原、半荒漠地区和农田。喜集群活动，善于奔跑。食性较杂，主要以植物的叶、种子、昆虫及蛙类等为食。

分布范围　省内主要分布于大连、锦州和朝阳等地。国内繁殖于新疆西部、东北西部，越冬于东北南部、华北至华中地区。国外主要分布于欧亚大陆。

白鹤 *Grus leucogeranus*

| 英文名 | Siberian Crane | 分类地位 | 鹤形目 鹤科 |

保护级别 国家一级。

识别要点 大型涉禽。体长 1200~1450mm，翼展 2100~2600mm，体重 4900~7400g 的大型鹤类。雌雄相似。成鸟全身白色为主；脸部具红色裸皮，由嘴基、眼部延伸到额部；仅初级飞羽黑色，飞行时对比明显。亚成体棕黄色，脸部红色较成鸟稍浅。嘴暗红色；虹膜浅黄色；跗跖暗红色。

生活习性 典型的沼泽湿地鸟类，主要栖息于浅水湿地。常单独、成对或以家族群活动，仅迁徙途中集大群。主要以挖掘水生植物的地下茎和根为食，也食水生植物叶、嫩芽和少量昆虫、水生小动物等。

分布范围 省内主要分布于沈阳、大连、本溪和锦州等地。国内主要分布于东部地区，属旅鸟或冬候鸟；迁徙经过东北和华北地区，越冬于长江中下游地区。国外主要分布于欧亚大陆和印度次大陆。

白枕鹤 *Grus vipio*

英文名 White-naped Crane   **分类地位** 鹤形目 鹤科

保护级别 国家一级。

识别要点 大型涉禽。体长 1200~1530mm，翼展
1600~2100mm，体重 4750~6500g 的大
型鹤类。雌雄相似。成体体羽大都暗灰
色，喉、颈上部、枕与后颈白色；额及
两颊裸露部分红色，且生有稀疏的黑色
绒状羽；初级飞羽黑色，次级飞羽灰
色，三级飞羽灰白色。亚成体枕和上颈
黄褐色。嘴黄绿色；虹膜橙黄色；跗跖
暗红色。

生活习性 栖息于开阔的湿地、沼泽地带。多成对或以家族为单位集小群活动，迁徙时集大群。主要以
小鱼、蝌蚪、水生昆虫及植物的种子、根茎、谷物等为食。

分布范围 省内主要分布于沈阳、盘锦等地。国内繁殖于东北地区，迁徙经东北、华北地区，越冬于华
南及华东地区。国外主要分布于欧亚大陆东部。

丹顶鹤 *Grus japonensis*

| 英文名 | Red-crowned Crane | 分类地位 | 鹤形目　鹤科 |

保护级别　国家一级。

识别要点　大型涉禽。体长 1200~1520mm，翼展 2200~2500mm，体重 7000~10500g 的 大型鹤类。雌雄同色。全身几纯白色， 头顶前部裸露无羽，呈朱红色；眼先、 脸颊、喉、颈侧、次级飞羽和三级飞 羽黑色；亚成鸟头、颈呈棕色，头顶 无红色区域；体羽白色为主而略带棕 色。嘴灰绿色；虹膜黑褐色；跗跖黑 褐色。

生活习性　主要栖息于沼泽湿地、湖泊、草地、海边滩涂等地带。常在一定区域内，成对或家族小群 活动，迁徙时集数十只或上百只的大群。觅食地一般较为固定；休息时常单腿站立，头插 于背羽间；主要以鱼类、软体动物和水生植物的茎、叶、块根、球茎和果实等为食。每年 3 月繁殖，营巢于近水草丛中或漂筏上，巢多以莎草和芦苇为筑材，呈浅碟状；每年 1 窝， 每窝多为 2 枚卵，孵化期 30 天左右，雏鸟属早成鸟。在辽宁有繁殖记录。

分布范围　省内主要分布于沈阳、大连和盘锦等地。国内繁殖于东北地区，迁徙经东北、华北地区，越 冬于黄河三角洲至江苏盐城一带。国外主要分布于欧亚大陆东部。

白头鹤 *Grus monacha*

英文名　Hooded Crane　　　　　**分类地位**　鹤形目　鹤科

保护级别　国家一级。

识别要点　大型涉禽。体长 910~1000mm，翼展 1600~1800mm，体重 3284~4870g 的小型鹤类。雌雄相似。通体呈暗灰色，头及颈的大部分为白色；额与眼先密生黑须羽，头顶前裸部朱红色；飞羽比体羽颜色更深，次级和三级飞羽延长，弯曲成弓形，覆盖于尾羽上，羽枝松散蓬松。嘴黄绿色；虹膜暗红色；跗跖黑褐色。

生活习性　生境与灰鹤、白枕鹤等相似，主要栖息于河口、湖泊和沼泽水域。常成对或以家族群活动。觅食地一般较为固定，主要以鱼类、软体动物、昆虫及植物为食。

分布范围　省内主要分布于沈阳、大连和锦州等地。国内少量繁殖于东北北部地区，迁徙经东北、华北地区，越冬于华中及华东地区。国外主要分布于欧亚大陆中东部。

小青脚鹬 *Tringa guttifer*

| 英文名 | Nordmann's Greenshank | 分类地位 | 鸻形目　鹬科 |

保护级别　国家一级。

识别要点　小型涉禽。体长 290~320mm，翼展
550mm 左右，体重 125~170g 的中型
鹬鹬类。雌雄相似。头较大，颈较
短厚；夏季头顶至后颈赤褐色，具
黑褐色纵纹；背部为黑褐色，具白
色斑点；腰部和尾羽为白色，且腰
部的白色呈楔形向下背部延伸；尾
羽端部具黑褐色横斑，飞翔时极为
醒目；下体白色；前颈、胸部和两
胁具黑色圆形斑点。冬季的背部为灰褐色，羽缘为白色；下体包括腋羽和翼下覆羽为纯白
色。飞翔时脚不伸出尾羽的后面。嘴较粗而微向上翘，尖端黑色，基部淡黄褐色；虹膜暗
褐色；跗跖较短，呈黄色、绿色或黄褐色，趾间三趾连蹼（青脚鹬仅有两趾连蹼）。

生活习性　主要栖息于沿海滩涂、内陆沼泽、河流、湖泊、池塘、盐田和水田等湿地生境。常单独或集
小群在浅水中缓慢涉水活动，迁徙时偶见大群。常与杓鹬、灰鸻和斑尾塍鹬等鸻鹬类混群。
水边觅食，主要以水生小型无脊椎动物和小型鱼类为食。性情胆小而机警，稍有惊动即刻
起飞。

分布范围　省内主要分布于大连、丹东、锦州等沿海地区。国内仅见于东部沿海地区，属罕见旅鸟。国
外主要分布于欧亚大陆、印度次大陆、中南半岛和太平洋诸岛屿。

勺嘴鹬 *Calidris pygmeus*

英文名 Spoon-billed Sandpiper **分类地位** 鸻形目 鹬科

保护级别 国家一级。

识别要点 小型涉禽。体长 140~160mm，体重 30~40g 的小型鸻鹬类。雌雄相似。雄鸟夏羽背部灰褐色，具棕褐色斑纹；头、颈、胸棕色，胸具不明显的黑色斑点，腹部白色具零星斑纹；雌鸟头部为棕褐色。冬羽背部浅灰色，胸、腹部白色无斑纹。飞行时翅上有一窄的白色翼带，腰和尾上覆羽两侧白色，中央黑色。幼鸟背部多黑色斑纹。嘴黑色，较短，嘴端呈明显勺状；虹膜深褐色；跗跖黑色。

生活习性 主要栖息于沿海滩涂、河口、沼泽等生境。常集小群活动，也和其他鸻鹬类混群，最常见的是红颈滨鹬。喜覆盖有软泥的硬质滩涂，常在滩涂浅水潮沟一边移动，一边用嘴在浅水处或柔软的泥浆上层向两边滑动滤食；主要以甲壳类和其他小型无脊椎动物等为食。

分布范围 省内主要分布于大连、丹东等地。国内迁徙时经过东部沿海，越冬于福建以南的沿海地区。国外主要分布于欧亚大陆、印度次大陆、中南半岛和太平洋诸岛屿。

黑嘴鸥 *Saundersilarus saundersi*

英文名　Saunders's Gull　　　分类地位　鸻形目　鸥科

保护级别　国家一级。

识别要点　中型游禽。体长 300~330mm，翼展 870~910mm，体重 170~230g 的小型鸥类。雌雄相似。颈、腰、尾和下体白色；背、翼呈浅灰色；初级飞羽端部内外黑色。夏羽头黑色，眼周白色。冬羽头白色，头顶具灰色横斑，耳后有明显黑斑。嘴黑色；虹膜褐色；跗跖红色。幼鸟与成鸟冬羽相似，但头部横斑更明显；翼上覆羽、三级飞羽和初级飞羽末端褐色，跗跖暗褐色。

生活习性　主要栖息于沿海滩涂、沼泽及河口地带，很少进入内陆。常在浅水区域集群活动。以鱼类、甲壳类和水栖昆虫等为食。每年 5 月下旬开始繁殖，营巢于泥质海滩的潮上带地面，也在苇捆上营巢；每年 1 窝卵，每窝多为 3 枚卵。在辽宁有繁殖记录。

分布范围　省内主要分布于大连、丹东、盘锦等地。国内繁殖于渤海和黄海北部沿岸地区，越冬于黄海南部至南海沿岸。国外主要分布于欧亚大陆和中南半岛。

遗鸥 *Ichthyaetus relictus*

英文名 Relict Gull　　　　**分类地位** 鸻形目　鸥科

保护级别 国家一级。

识别要点 中型游禽。体长 380~460mm，翼展 1190~1220mm，体重 420~500g。雌雄相似。夏羽具棕黑色头罩；眼具较宽的白色眼圈，且上下半圈有明显断开的感觉；上体和翼上覆羽浅灰色，其他白色；停歇时三级飞羽具新月形白斑，初级飞羽末端黑色而带有白斑，飞行时翼镜明显。冬羽无头罩，耳羽有暗灰色斑点，头顶及颈部具暗色条纹。嘴小且下嘴角突出明显，暗红色；虹膜深褐色；跗跖暗红色。

生活习性 繁殖期栖息于开阔平原和荒漠与半荒漠地带的咸水或淡水湖泊中，越冬期栖息于沿海滩涂。多成对或集小群活动。主要以鱼类、水生无脊椎动物和昆虫等为食。

分布范围 省内主要分布于大连、丹东、盘锦等地。国内繁殖于新疆北部、内蒙古中东部和陕西北部等地区，越冬于渤海、黄海和东海沿岸。国外主要分布于欧亚大陆和中南半岛。

黑鹳 *Ciconia nigra*

英文名	Black Stork	分类地位	鹳形目 鹳科

保护级别 国家一级。

识别要点 大型涉禽。体长 1000~1200mm，体重 3950~4500g。雌雄相似。眼周朱红色，整体黑色而带有紫绿色光泽；下胸、腹和胁部白色。嘴朱红色；虹膜暗褐色；跗跖朱红色。幼鸟整体呈灰褐色而无光泽；下体亦白色；嘴、跗跖灰色或暗红色。

生活习性 繁殖期多栖息于林间或崖壁上；越冬时多栖息于沼泽或浅水湖泊等生境。常单独或以家族群活动，迁徙时集小群。觅食于河流、湖泊或沼泽等，主要以鱼类为食。每年 4~6 月繁殖，多营巢于崖壁的平台上，有沿用旧巢的习惯；每年 1 窝，每窝 3~5 枚卵，孵化期约 31 天。在辽宁有繁殖记录。

分布范围 省内主要分布于大连、锦州、朝阳、葫芦岛等地。国内分布于除西藏外的大部分地区；主要繁殖于东北、西北和华北地区，越冬于长江以南的大部分地区。国外主要分布于欧亚大陆、非洲、印度次大陆和中南半岛。

东方白鹳 *Ciconia boyciana*

英文名 Oriental Stork　　　　　**分类地位** 鹳形目　鹳科

保护级别　国家一级。

识别要点　大型涉禽。体长 1100~1280mm，体重 3950~4500g。雌雄相似。体羽大部分为白色，大覆羽、初级覆羽、初级飞羽和次级飞羽黑色，飞行时与白色体羽区别明显。眼周裸露呈淡红色；嘴长直而粗壮，侧扁，且十分坚硬，呈黑色，仅基部缀有淡紫色或深红色；虹膜淡黄色；跗跖红色，足具四趾分布于同一水平面上，前三趾间有不发达的蹼。飞行时头颈向前伸直，双腿向后伸。休息时常单脚站立，并将喙插入翅膀内。相似种白鹳嘴为红色而不为黑色。

生活习性　多栖息于开阔的平原、草地和沼泽。除了繁殖期间成对活动以外，多呈现群体活动；活动时动作缓慢，性情安静而机敏，对人类活动有较高的警惕性。多在浅水区域觅食，食性以鱼类为主。每年 3 月中下旬迁至繁殖地，倾向于选择距离干扰源较远的树上或大铁架子上营巢，4 月初开始产卵，每窝 2~5 枚卵，产卵后雌雄个体轮流孵化，同时伴随翻卵、理羽、警惕等行为，孵化期为 30 天左右。在辽宁有繁殖记录。

分布范围　省内大部分地区均有分布。国内主要繁殖于我国和俄罗斯交界处的黑龙江和乌苏里江沿岸的湿地地区，部分种群在我国黄河三角洲地区或江苏一带也有繁殖记录，越冬于长江中下游地区的河湖湿地，最南可到达广州、台湾。国外主要分布于欧亚大陆东部。

白腹军舰鸟 *Fregata andrewsi*

英文名 Christmas Island Frigatebird 　分类地位 鲣鸟目 军舰鸟科

保护级别　国家一级。

识别要点　大型海洋性鸟类。体长 890~1000mm，翼展 2050~2300mm。嘴峰很长，尖端弯曲成钩状；虹膜深褐色；跗跖紫灰色，脚底肉色；两翼似弓，长而尖，尾长可分叉。雄鸟体羽黑色，带有绿色光泽；嘴黑色，具红色喉囊，下腹具大块白斑。雌鸟体型大于雄鸟，主要区别是无红色喉囊，腹部由翼下至下腹全为白色，嘴偏粉色。

生活习性　属热带海洋鸟类，主要活动于近海至远洋海面。主要以鱼类为食。

分布范围　省内偶见于大连、锦州等地，为迷鸟。主要繁殖于印度洋的圣诞岛，繁殖后常游荡到我国东南沿海及岛屿。国外主要分布于中南半岛和太平洋诸岛屿。

黑头白鹮 *Threskiornis melanocephalus*

英文名 Black-headed Ibis   **分类地位** 鹳形目 鹮科

保护级别   国家一级。

识别要点   大型涉禽。体长 650~750mm，体重约
1500g。雌雄相似。嘴长而向下弯曲，
虹膜暗褐色，嘴和跗跖黑色，体羽
白色，头、颈部裸露呈黑色，三级
飞羽呈蓬松的丝状且为灰黑色。幼
鸟与成鸟相似，但颈部具白色羽毛
且体羽暗灰色。

生活习性   栖息于河流、湖泊和稻田等湿地的浅
水区域。多单独或集小群活动。主
要以软体动物、甲壳类、小鱼、昆
虫和两栖类等为食。

分布范围   省内主要分布于沈阳、大连、锦州等地。国内据记载曾繁殖于东北北部，迁徙经过东部沿海
地区。国外主要分布于欧亚大陆南部、印度次大陆、中南半岛和太平洋诸岛屿。

黑脸琵鹭 *Platalea minor*

英文名 Black-faced Spoonbill　　**分类地位** 鹈形目　鹮科

保护级别　国家一级。

识别要点　中型涉禽。体长 600~790mm，体重 1460~2000g，因其汤匙状的长嘴与琵琶相似而得名。雌雄相似。眼先至前额基部裸露呈黑色，嘴长而直，黑色，上下扁平，先端扩大成匙状；虹膜暗黄色；跗跖黑色；体羽白色。繁殖期羽冠及胸淡黄色，冬季全白，无羽冠。幼鸟似成鸟冬羽，但嘴呈粉褐色。

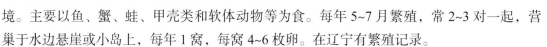

生活习性　栖息于沿海滩涂、淡水湖泊、沼泽、稻田和水塘等。习性类似白琵鹭，集群生活，但更喜海水环境。主要以鱼、蟹、蛙、甲壳类和软体动物等为食。每年 5~7 月繁殖，常 2~3 对一起，营巢于水边悬崖或小岛上，每年 1 窝，每窝 4~6 枚卵。在辽宁有繁殖记录。

分布范围　省内主要分布于大连、盘锦等地，其中大连的庄河市是黑脸琵鹭在我国最大的繁殖地，盘锦也有繁殖记录。国内繁殖于辽宁，迁徙经东部沿海，越冬于东南沿海。国外曾记录分布于欧亚大陆南部、中南半岛和太平洋诸岛屿。

黄嘴白鹭 *Egretta eulophotes*

英文名 Chinese Egret　　　　　　**分类地位** 鹈形目　鹭科

保护级别 国家一级。

识别要点 中型涉禽。体长 650~680mm，翼展约 990mm，体重 320~650g。雌雄相似。身体纤瘦而修长，体羽白色。繁殖期眼先裸露呈淡蓝色或蓝色；头后具长而密的丝状饰羽；下颈也有细长的饰羽，但贴在胸部；背部饰羽延伸至尾部，但末端几乎平齐。非繁殖期眼先裸皮黄绿色；无明显饰羽。嘴繁殖期黄色或橙黄色，非繁殖期黑褐色，下基部黄色；虹膜黄色；跗跖繁殖期黑褐色，趾黄色，非繁殖期跗跖和趾黄绿色。

生活习性 栖息于海岸峭壁树丛、潮间带、盐田以及内陆树林、河岸、稻田等生境。通常单独、成对或小群活动，迁徙时也会集成数十只的群体。主要以鱼、虾和蛙等为食。每年 5~7 月繁殖，多营巢于无人海岛的峭壁树丛或低矮灌木之间，以及沿海地带的林地，营群巢；每年 1 窝，每窝 3~5 枚卵，孵化期 24~26 天。在辽宁有繁殖记录。

分布范围 省内主要分布于沿海地区。国内繁殖于辽东半岛，山东、浙江和福建的沿海岛屿，迁徙经东部沿海，越冬于华南沿海地区及海南。国外主要分布于欧亚大陆南部、中南半岛和太平洋诸岛屿。

卷羽鹈鹕 *Pelecanus crispus*

英文名 Dalmatian Pelican **分类地位** 鹈形目 鹈鹕科

保护级别 国家一级。

识别要点 大型游禽。体长 1600~1800mm，翼展 3100~3450mm，体重 1100~1500g。雌雄相似，雌性略小。体羽灰白色，颈背部羽冠呈卷曲状；喉囊橘黄色，繁殖期颜色更鲜艳；嘴铅灰色，长而粗；虹膜浅黄色，眼周裸露皮肤呈粉红色；跗跖灰色；飞行时仅初级飞羽黑色，且基部具白色羽轴。幼鸟下体白色，上体淡褐色。

生活习性 多栖息于淡水湖泊、沼泽和河口区域。喜群居活动。主要以鱼类为食，也食甲壳类、软体动物、两栖动物等。

分布范围 省内偶见于大连等地。国内多为旅鸟或冬候鸟，迁徙经过华北、华东的大部分地区，越冬于东部及南部沿海。国外主要分布于欧亚大陆南部、印度次大陆和中南半岛。

胡兀鹫 *Gypaetus barbatus*

Bearded Vulture　　　 鹰形目　鹰科

保护级别　国家一级。

识别要点　大型猛禽。体长 940~1250mm，翼展 2350~2750mm，体重 3500~5600g。雌雄相似。整体灰褐色，具黄色细纹；两颊近灰白色，头颈部橙黄色；胸腹部与头颈部颜色相近，但颜色略浅。一条明显的黑色贯眼纹经过眼先到颊部；尾羽呈楔形，飞行时尤为明显。嘴灰色，基部具黑色胡须状髭羽；虹膜外圈红色，中间黄色；跗蹠灰色被羽。幼鸟整体暗褐色，头颈部多为黑色。

生活习性　主要栖息于海拔 500~4000m 的高山裸岩地区。多单独活动，很少与其他猛禽混群。主要以大型动物尸体为食。每年 2~3 月繁殖，多营巢于悬崖峭壁的平台处，每年 1 窝，每窝 2~3 枚卵，孵化期约 53 天，育雏期约 110 天。

分布范围　省内偶见于部分山区。国内主要分布于西部的大部分地区，偶有个体游荡至华北和华中等地区。国外主要分布于欧亚大陆和非洲。

秃鹫 *Aegypius monachus*

<table>
<tr><td>英文名</td><td>Cinereous Vulture</td><td>分类地位</td><td>鹰形目　鹰科</td></tr>
</table>

保护级别　国家一级。

识别要点　大型猛禽。体长 1000~1200mm，翼展 2500~2950mm，体重 5700~9000g。雌雄相似。通体黑褐色，胸、腹部具褐色纵纹；头部裸出近灰色，两颊及喉部近黑色，颈部具灰白色绒羽。嘴铅灰色，蜡膜蓝色；虹膜深褐色；跗跖灰色覆羽。飞行时翼指明显，翅前后缘基本平行，尾短呈楔形。幼鸟似成鸟，整体近黑色。

生活习性　主要栖息于森林覆盖的山区、丘陵，也见于裸露的山脊和草原等地带。常单独活动，取食时有集群现象。主要以大型动物的尸体为食。每年 3~5 月繁殖，多营巢于高大乔木或岩壁上，多利用旧巢，每年 1 窝，每窝 1~2 枚卵，孵化期约 55 天，育雏期 90~150 天。在辽宁有繁殖记录。

分布范围　省内偶见于部分山区。国内大部分地区均有记录，但西部较为常见，华东、华南地区较少。国外主要分布于欧亚大陆南部、非洲和印度次大陆。

乌雕 *Clanga clanga*

英文名 Greater Spotted Eagle **分类地位** 鹰形目 鹰科

保护级别 国家一级。

识别要点 中大型猛禽。体长610~740mm，翼展1570~1800mm，体重1310~2100g。雌雄相似。通体暗褐色，胸、腹部无斑纹；背部具金属光泽；两翼和尾黑褐色；尾短而圆，尾上覆羽具明显的"U"形白斑，飞行时从上看非常明显。嘴暗褐色，蜡膜黄色；虹膜呈褐色；跗跖黄色被羽。幼鸟覆羽、背部多白斑。

生活习性 主要栖息于低山丘陵和平原湿地等地区。主要以小型兽类、鸟类、两栖爬行类等为食。

分布范围 省内大部分地区均有分布。国内见于大部分地区。国外主要分布于欧亚大陆、非洲、印度次大陆、中南半岛和太平洋诸岛屿。

草原雕 *Aquila nipalensis*

英文名　Steppe Eagle　　　　**分类地位**　鹰形目　鹰科

保护级别　国家一级。

识别要点　大型猛禽。体长 700~820mm，翼展
　　　　　1750~2140mm，体重 1310~2100g。
　　　　　雌雄相似。整体近深褐色，翼上覆
　　　　　羽羽缘及翼下飞羽颜色较浅，翼下
　　　　　具深褐色横纹；尾短而呈棕黄色，
　　　　　尾上覆羽杂白色，具深色横斑。嘴
　　　　　灰色，具黄色蜡膜；虹膜褐色；跗
　　　　　跖黄色被羽。幼鸟整体呈黄褐色，
　　　　　翼下具明显白色横斑，两翼和尾后
　　　　　缘白色。

生活习性　主要栖息于开阔的平原、草地、荒
　　　　　漠和低山丘陵等地带。主要以啮齿类、兔类和鸟类等小型脊椎动物为食，亦食动物的尸体
　　　　　和腐肉。

分布范围　省内大部分地区均有分布。国内大部分地区均有分布；其中西北至东北地区属夏候鸟，其他
　　　　　地区为冬候鸟。国外主要分布于欧亚大陆、非洲、印度次大陆和中南半岛。

白肩雕 *Aquila heliaca*

英文名 Imperial Eagle　　　　**分类地位** 鹰形目　鹰科

保护级别 国家一级。

识别要点 大型猛禽。体长680~840mm，翼展1760~2160mm，体重2900~4000g。雌雄相似。成鸟整体呈深褐色，头顶及枕部米黄色，肩部具两块明显白斑；翼下飞羽具浅色横斑；尾褐色而具有明显浅色横斑。嘴灰色，蜡膜黄色；虹膜褐色；跗跖黄色被羽。幼鸟整体米黄色，胸、腹部具有明显纵纹；两翼具浅色翼窗，翼后缘白色；尾深褐色，尾端白色。

生活习性 夏季主要栖息于山地森林，冬季主要栖息于低山丘陵、草原等地区。非繁殖期多单独活动。主要以啮齿类、兔类等中小型兽类及鸟类为食，有时也食动物的尸体等。

分布范围 省内主要分布于沈阳、大连、锦州等地。国内大部分地区均有分布；其中西北和东北地区属夏候鸟，青藏高原东部、西南和华南等地属冬候鸟。国外主要分布于欧亚大陆、非洲、印度次大陆和中南半岛。

金雕 *Aquila chrysaetos*

| 英文名 | Golden Eagle | 分类地位 | 鹰形目　鹰科 |

保护级别　国家一级。

识别要点　大型猛禽。体长 780~930mm，翼展 1900~2340mm，体重 2000~6500g。雌雄相似。成鸟整体呈深褐色；头顶及枕部呈金黄色；翼下覆羽及飞羽颜色较浅；尾长而圆，尾下覆羽颜色较浅，尾羽深褐色。嘴灰色，具黄色蜡膜，虹膜褐色；跗跖黄色被羽。幼鸟整体黄褐色；翼下具明显白斑，尾基部白色，尾端深褐色。

生活习性　夏季主要栖息于多裸岩的山地、高山林地等；冬季亦见于开阔的林地、草地、湿地等。常单独活动。主要以大中型兽类和鸟类为食，亦食动物尸体。每年 3~4 月繁殖，多营巢于高大的乔木或崖壁上，每年 1 窝，每窝 1~3 枚卵，孵化期 35~45 天，育雏期 75~80 天。在辽宁有繁殖记录。

分布范围　省内大部分地区均有分布。国内除台湾和海南以外大部分地区均有分布。国外主要分布于北美地区、欧亚大陆及非洲北部。

玉带海雕 *Haliaeetus leucoryphus*

英文名 Pallas's Fish Eagle   **分类地位** 鹰形目 鹰科

保护级别 国家一级。

识别要点 大型猛禽。体长 720~840mm，翼展 1850~2150mm，体重 2620~3760g。雌雄相似。成鸟整体呈深褐色；头部、颈部和喉部米黄色；胸部棕褐色，腹部颜色略深；尾较短，尾羽白色，尾端近黑色。嘴褐色，蜡膜灰色；虹膜褐色；跗跖灰色被羽。幼鸟腰和尾上覆羽被褐色杂斑。

生活习性 主要栖息于湖泊、河流等开阔水域，偶见于农田、草地等生境。常单独活动。主要以啮齿类、鱼类和水鸟等为食。

分布范围 省内主要分布于大连、丹东、锦州等地。国内主要繁殖于西北、东北，迁徙时经过华北至西南，在西南有少量越冬。国外主要分布于欧亚大陆中南部、印度次大陆和中南半岛。

白尾海雕 *Haliaeetus albicilla*

英文名	White-tailed Sea Eagle	分类地位	鹰形目　鹰科

保护级别　国家一级。

识别要点　大型猛禽。体长 740~920mm，翼展 1930~2440mm，
　　　　　体重 2800~4600g。雌雄相似。成鸟整体呈褐色；头
　　　　　部、颈部黄褐色；尾较短呈白色，尾下覆羽深褐色；
　　　　　嘴黄色，蜡膜橙黄色；虹膜黄色；跗跖黄色被羽。
　　　　　幼鸟整体呈棕褐色，头部颜色较深，尾下覆羽黄白
　　　　　色，羽端暗褐色；尾羽中间有一块方形白斑；嘴黑
　　　　　色；虹膜深褐色。

生活习性　主要栖息于河流、湖泊、海岸和河口等地，繁殖期
　　　　　喜在有高大乔木的水域或森林地区的开阔湖泊与河
　　　　　流地带活动。多单独活动。主要以鱼类为食，亦食中型鸟类、中小型兽类和动物尸体等。

分布范围　省内主要分布于大连、丹东、锦州等地。国内大部分地区均有分布；繁殖于东北和西北地区，
　　　　　越冬于华北至西南地区。国外主要分布于北美地区、欧亚大陆、印度次大陆和太平洋诸岛屿。

虎头海雕 *Haliaeetus pelagicus*

| 英文名 | Steller's Sea Eagle | 分类地位 | 鹰形目　鹰科 |

保护级别　国家一级。

识别要点　大型猛禽。体长 850~1050mm，翼展 1950~2300mm，体重 5000~10000g。雌雄相似。成鸟整体呈黑褐色；翼下覆羽可见白色斑纹，翼上覆羽、腰及尾均白色；尾较长；嘴十分粗大，嘴和蜡膜均为黄色；虹膜黄色；跗跖黄色被羽。幼鸟整体深褐色；翼下可见白色横带；虹膜深褐色。

生活习性　主要栖息于海岸及河口地区，偶尔会沿着河流进入到离海较远的内陆地区。多单独活动。主要以大型鱼类、海鸥、雁鸭类为食，亦食啮齿类、兔类、雉鸡类和动物的尸体。

分布范围　省内偶见于大连、丹东等地。国内主要分布于东北和华北地区。国外主要分布于欧亚大陆东部。

猎隼 *Falco cherrug*

英文名　Saker Falcon　　　　**分类地位**　隼形目　隼科

保护级别　国家一级。

识别要点　中小型猛禽。体长 420~600mm，翼展 1060~1290mm，体重 510~1200g。雌雄相似。成体上体呈褐色，具横斑；头顶淡褐色，具褐色髭斑；胸、腹部近白色，具清晰的点状斑纹；嘴灰色，尖端蓝黑色，蜡膜黄色；虹膜褐色；跗跖淡黄被羽。

生活习性　主要栖息于山脚平原、低山丘陵、多岩石的旷野、农田耕地等生境。常单独活动。主要以中小型鸟类、啮齿类、兔类、蛇、蛙类等为食。每年 4~5 月繁殖，多营巢于岩壁的平台、岩隙或树上，也有利用其他鸟类旧巢的行为；每年 1 窝，每窝 3~6 枚卵，孵化期约 30 天，育雏期 40~45 天。在辽宁有繁殖记录。

分布范围　省内主要分布于沈阳、大连、锦州等地。国内繁殖于西北和东北地区，华北、华东和西南等地为旅鸟或冬候鸟。国外主要分布于欧亚大陆、非洲和印度次大陆。

矛隼 *Falco rusticolus*

英文名　Gyrfalcon　　　　　**分类地位**　隼形目　隼科

保护级别　国家一级。

识别要点　中型猛禽。体长 530~630mm，翼展 110~130mm，体重 1310~2100g。雌雄相似。体色变化较大，整体可分为浅色型和深色型两种。浅色型成鸟整体白色；头、胸和腹部有少数暗斑，背部和翼上有褐色横斑。深色型成鸟头部深灰色；胸、腹部颜色较浅，但具有褐色斑纹。嘴灰色，蜡膜黄色；虹膜深褐色；跗跖黄色被羽。幼鸟似成鸟，但胸、腹部斑纹更明显。

生活习性　主要栖息于多岩石山地、山脚平原、岩石海岸和森林苔原等生境。常单独活动。主要以中小型鸟类、啮齿类和兔类等为食。

分布范围　省内主要分布于沈阳、大连、锦州等地。国内主要分布于西北和东北的部分地区。国外主要分布于北美地区和欧亚大陆。

栗斑腹鹀 *Emberiza jankowskii*

英文名　Jankowski's Bunting　　　　**分类地位**　雀形目　鹀科

保护级别　国家一级。

识别要点　小型鸣禽。体长 150~160mm，体重
19~25g。头顶至尾上覆羽栗红色，
背部具黑色纵纹；眉纹和两颊污白
色，耳羽近灰色；髭纹深褐色或黑
色；颏和喉部污白色，胸和腹部灰
白色，腹部中央有栗色斑。雌鸟似
雄鸟，但颜色较淡，腹部栗色斑较
小。上嘴颜色深，下嘴蓝灰色且嘴
端颜色较深；虹膜深褐色；跗跖淡
橙色。

生活习性　主要栖息于荒山灌丛、疏林草地。
常单独活动。主要以草籽为食，繁殖期多以昆虫幼虫为食。每年 4~6 月繁殖，多营巢于地
面或草丛中，每年 1 窝，每窝 4~7 枚卵，孵化期和育雏期均约 12 天。在辽宁有繁殖记录。

分布范围　省内主要分布于大连、辽阳等地。国内繁殖于黑龙江东南部和吉林，冬季南迁至辽宁、河北
和内蒙古东南部。国外主要分布于欧亚大陆东南部。

黄胸鹀 *Emberiza aureola*

英文名 Yellow-breasted Bunting   **分类地位** 雀形目 鹀科

保护级别 国家一级。

识别要点 小型鸣禽。体长 140~160mm，体重 18.5~29g。雄鸟上体栗红色，翼上具白斑。额、头侧及颏黑色，胸口有栗红色横带；下体黄色，两胁具褐色纵纹。大覆羽前端及中覆羽形成 2 道醒目的白色翼斑。雌鸟有黄色眉纹；背部棕褐色，具黑褐色纵纹；腰和尾上覆羽棕栗红色；下体淡黄色，两胁有黑褐色纵纹。上嘴灰色，下嘴粉褐色；虹膜深褐色；跗跖浅褐色。

生活习性 主要栖息于沼泽、草甸等近水的灌丛及林缘地带。多与其他鹀类混群活动。主要以植物的种子为食，繁殖期以昆虫等为食。

分布范围 省内主要分布于大连、鞍山、本溪、丹东、阜新、辽阳等地。国内繁殖于新疆北部及东北地区，迁徙时经过我国大部分地区，越冬于东南至华南沿海及海南地区。国外主要分布于欧亚大陆、印度次大陆、中南半岛和太平洋诸岛屿。

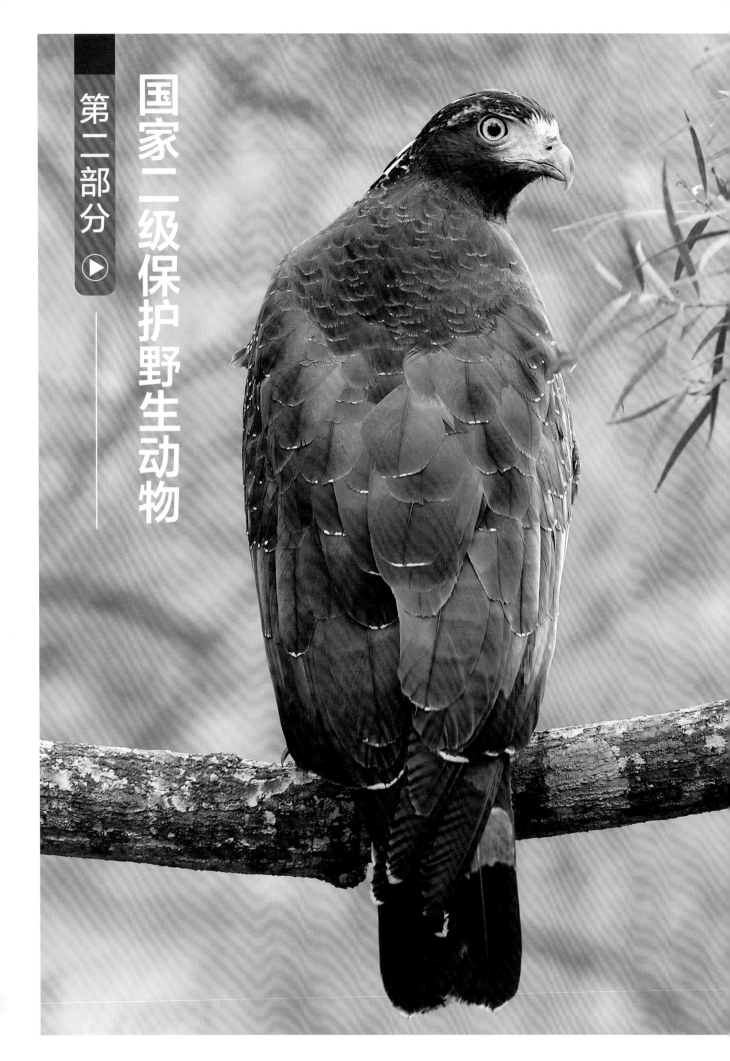

狼 *Canis lupus*

英文名 Gray Wolf　　　　　　**分类地位** 食肉目　犬科

保护级别 国家二级。

识别要点 中型兽类，属犬科中体型最大的一种。体长大于 1000mm，尾长 310~550mm，体重 30kg 左右。四肢修长，趾行性；面部长，鼻端突出，斜眼，耳尖且直立，尾多毛，较发达。前足 5 趾，第一趾甚小（足印不显）；后足 4 趾，无踵垫。胸部略窄小，尾挺直状下垂夹于两后腿之间。毛色随产地而异，多毛色棕黄或灰黄色，略混黑色，下部带白色。外形与大型犬类相似，其主要区别在于以下两点：①尾巴：狼尾巴多短而粗，毛较为蓬松，常常下垂于后肢之间，不能上卷；②耳朵：狼的耳朵多垂直竖立，狗的耳朵通常下垂。

生活习性 适应性极强，除热带地区外，其他地区的各种环境均可栖息，但以阔叶林和草原居多。狼属社会性动物，拥有着极为严格的等级制度，呈群（族）居，多晨昏活动。主要捕食中大型哺乳动物。繁殖季节有巢穴，早春发情，妊娠期 60 天左右，每年 1 胎，每胎 2~11 仔，幼仔 2 年性成熟。

分布范围 省内大部分地区均有分布。国内除海南和台湾地区外均有分布。国外主要分布于欧亚大陆和北美地区。

貉 *Nyctereutes procyonoides*

| 英文名 | Raccoon Dog | 分类地位 | 食肉目 犬科 |

保护级别　国家二级。

识别要点　中小型兽类。体长 450~680mm，尾长 130~250mm，体重 3~6kg。身体肥壮，四肢短小，有
　　　　　明显面纹，吻尖，形似狐；体毛整体呈暗褐色，前额和鼻吻部白色，眼周黑色；颊部覆有
　　　　　蓬松的长毛，形成环状领；背的前部有一交叉形图案；胸部、腿和足暗褐色，背部和尾部
　　　　　的毛尖黑色；成体有明显的"人"字脊，下颌有特殊的次角突。

生活习性　栖息于稀疏的阔叶林近水源处。营独居活动，偶见以家族性群居。昼伏夜出。杂食性动物，
　　　　　主要以啮齿类、蛙、蛇、虾、蟹、昆虫等为食，也食浆果、根茎、种子、谷物等。穴居，
　　　　　每年 2~3 月发情，妊娠期 60 天左右，每胎 5~12 仔，9~11 个月性成熟。饲养寿命可达 10
　　　　　年。

分布范围　省内各地区均有分布。国内主要分布中东部和中部地区。国外主要分布于欧亚大陆。此种人
　　　　　工驯养繁殖技术已经较为成熟，但目前野生种群数量较少。

赤狐 *Vulpes vulpes*

英义名 Red Fox　　**分类地位** 食肉目　犬科

保护级别　国家二级。

识别要点　中小型兽类。体长 500~910mm，尾长 350~550mm，体重 7kg 左右。体型纤长，似矮小的家狗。四肢短小，吻窄而尖，耳尖而直立；尾毛蓬松，尾长一般为体长的 60%~70%。体背大部分毛色呈红褐色或黄褐色，肩部和体侧颜色略淡，耳后为黑褐色，喉部、胸部和尾梢为白色。具尾腺，能放出狐臭味。

生活习性　适应性较强，可栖息于各种类型的环境中，甚至于城郊，尤喜中小型灌木生境。夜行性，独居或成对活动。杂食性动物，主要以鼠类、兔类等小型兽类为食，也食鸟类、蛙类、蛇类、昆虫和植物浆果等。穴居，常利用其他动物的弃洞或树洞，有时也在岩石下栖息，每年 12 月底至翌年 3 月底发情，妊娠期 51~53 天，3~5 月产仔，每胎 1~10 仔，哺乳期 56~70 天，10 个月性成熟。寿命可达 12 年。

分布范围　省内各地区均有分布。国内各地均有分布。国外主要分布于欧亚大陆。

黑熊 *Ursus thibetanus*

| 英文名 | Asiatic Black Bear | 分类地位 | 食肉目　熊科 |

保护级别　国家二级。

识别要点　大型兽类。体长 1160~1750mm，尾长 65~160mm，体重 54~250kg。体型肥壮，四肢短粗，吻部短，耳大而眼小，颈部短粗，爪尖锐但不能伸缩，尾短。体毛多为黑色，胸部有一"V"形白斑；颈部具蓬松簇状长毛，延伸至颈部下方。

生活习性　典型的林栖动物，多栖息于山地阔叶林或针阔混交林中，尤喜热带雨林和栎树林。嗅觉及听觉灵敏，视觉较差；善于爬树和游泳，在北方寒冷地区有冬眠的习性。独居，昼夜都能活动。杂食性动物，主要以植物的果实、嫩叶和种子等为食，有时也吃昆虫、鸟卵和各种小型动物。没有固定巢穴，仅在冬眠和繁殖时以树洞或石穴等为临时巢穴；每年 6~8 月发情，孕期 7~8 个月，每胎多为 2 仔，哺乳期 3~4 个月，3~4 年性成熟。寿命约 30 年。

分布范围　省内主要分布于抚顺、本溪和丹东等东部山区。国内各地广泛分布。国外主要分布于欧亚大陆。

黄喉貂 *Martes flavigula*

英文名 Yellow-throated Marten   **分类地位** 食肉目 鼬科

保护级别 国家二级。

识别要点 中小型兽类。体长 325~650mm，尾长 350~480mm，体重 1.5~3kg。身体细长，头部呈三角形，耳短而圆；尾细长而不蓬松，尾长为体长的 60%~75%。体背前半部分呈黄褐色，后半部分黑褐色；喉部呈橙黄色，上缘有一条明显的黑线；四肢末端和尾部呈黑色。

生活习性 主要栖息于海拔 3000m 以下的各种森林中。多晨昏活动，成对或多头一起出没；视觉、听觉敏锐，行动敏捷，性凶猛。主要以啮齿类、鸟类、蛇类、昆虫和水果等为食，偶食麝、麂和野猪幼仔等小型兽类，尤喜蜂蜜，因此也有"蜜狗"之称。营巢于树洞和石洞中，每年 6~8 月发情，怀孕期 9~10 个月，胎产 2~4 仔，幼仔 2~3 年性成熟。寿命约 10 年。

分布范围 省内主要分布于东部和南部林区。国内除新疆外各地均有分布。国外主要分布于欧亚大陆东部。

豹猫 *Prionailurus bengalensis*

英文名 Leopard Cat　　　　**分类地位** 食肉目　猫科

保护级别 国家二级。

识别要点 小型猫科动物。体长 360~660mm，尾长 200~370mm，体重 1.5~5kg。体型似家猫，但身体和四肢更加细长。体毛浅棕色或浅黄色，体背有 4 条纵向的黑纹，体侧有深色似豹的斑点，但不连成垂直的条纹；鼻子通过两眼间一直延伸到头顶，有两条明显的黑、白色并行的条纹；鼻吻部白色；耳后黑色而带有白斑；尾部环纹，尾尖黑色。

生活习性 栖息环境广泛，主要栖息于山地林区、丘陵灌丛和居民区等生境。夜行性，晨昏活动较多；独栖或成对活动；善于攀爬和游泳。主要以啮齿类、野兔、鸟类、两爬类及昆虫等为食，有时也会进入居民区捕食家禽等。非季节性繁殖，妊娠期 60~70 天，每胎 2~3 仔，18~24 个月性成熟。饲养寿命可达 13 年。

分布范围 省内大部分地区均有分布。国内除了北部和西部的干旱区均有分布。国外主要分布于欧亚大陆。

猞猁 *Lynx lynx*

英文名 Eurasian Lynx   **分类地位** 食肉目　猫科

保护级别 国家二级。

识别要点 中型兽类。体长 800~1300mm，尾长 110~250mm，体重 18~38kg。身体短而粗壮，四肢较长（后肢长于前肢），尾甚短，尾长约等于后肢长。体色灰色至灰褐色，遍布不规则的斑点；喉部及体下方呈白色或浅灰色；耳端有明显黑色簇毛，耳后中部有淡灰色斑点，耳内侧呈白色；头侧有较明显的领毛；尾尖黑色。

生活习性 主要栖息于山地森林或灌丛中，也栖息于裸岩地带。多单独活动，夜行性，善游泳和爬树。主要以野兔和小型有蹄类为食，也食鸟类和啮齿类等。多营巢于岩穴或树洞，每年早春发情，妊娠期 70 天左右，每胎 2~3 仔，哺乳期约 5 个月，幼仔 2~3 年性成熟。饲养寿命可达 21 年。

分布范围 省内主要分布于东部山区。国内主要分布于西部和东北部。国外主要分布于欧亚大陆。

獐 *Hydropotes inermis*

| 英文名 | Water Deer | 分类地位 | 偶蹄目 鹿科 |

保护级别 国家二级。

识别要点 小型鹿类。体长 890~1030mm，肩高 450~570mm，尾长 60~70mm，体重 14~17kg。雌雄均无角，雄性上犬齿发达，突出口外，呈獠牙状；四肢粗壮，耳较大，尾甚短，尾几隐于臀毛中。成体体毛几乎一色，而全身无斑纹，多黄褐或草黄色；幼仔体侧有两行白色斑点。

生活习性 栖息于近湖泊边缘的湿地、草地和芦苇丛中，也可生活于有灌丛、稀树的环境。多独居，晨昏活动，性机警，善游泳。主要以灌木的嫩叶、芽为食，也吃草、芦苇的叶等。冬季交配，孕期 6~7 个月，每胎 2~5 仔，哺乳期 2 个月，约 6 个月性成熟。

分布范围 省内主要分布于丹东、本溪等地。国内主要分布于辽宁、吉林及东南部地区。国外主要分布于欧亚大陆东部。

马鹿 *Cervus canadensis*

英文名 Red Deer　　**分类地位** 偶蹄目　鹿科

保护级别　国家二级。

识别要点　大型鹿类。体长 1650~2650mm，肩高 1000~1500mm，尾长 100~220mm，体重 75~250kg。头部较长，耳大呈圆锥形；仅雄性有角，角的主干长，多为 6 叉，眉叉直接从角基分出，第 2 叉紧接眉叉，第 2 叉与第 3 叉间隙较大；被毛有季节性变化，一般夏毛红褐色，无绒毛；冬毛厚密而有绒毛，多呈深褐色；臀部有黄色或橙色臀斑。

生活习性　主要栖息于海拔 5000m 以下的温带林地、灌丛草甸和沼泽地等。群居，多晨昏活动。主要以草本、木本的嫩叶或树皮等为食。每年 10 月左右发情，妊娠期约 6 个月，每胎 1 仔，哺乳期 9 个月，2 年左右性成熟。自然寿命约为 15 年，但随着驯养技术的逐渐成熟，饲养寿命可达 27 年。

分布范围　省内主要分布于东部林区。国内主要分布于东北、西北和华中等地区。国外主要分布于欧亚大陆东部和北美地区。

花尾榛鸡 *Tetrastes bonasia*

英文名 Hazel Grouse　　　**分类地位** 鸡形目　雉科

保护级别 国家二级。

识别要点 小型陆禽。体长 303~401mm，体重 302~509g。雄鸟上体棕灰色，杂褐色横斑；头部具较明显的羽冠；颏部和喉部黑色，周围白色；胸腹部具倒三角状棕褐色横斑；两胁具棕色横斑。雌鸟似雄鸟，但羽冠略小；颏部和喉部为棕黄色。幼鸟上体具白色暗纹，颏白色，喉淡红褐色；下体羽多淡灰色。嘴黑色；虹膜深褐色；跗蹠灰色被羽。

生活习性 主要栖息于阔叶次生林、针阔混交林及林缘地带，季节性垂直迁移。冬季多集群活动。主要以植物的枝叶、嫩芽和果实等为食。每年 4~5 月开始繁殖，多营巢于山坡阳面的倒木旁，每年 1 窝，每窝 11~12 枚卵，孵化期 21~24 天。在辽宁有繁殖记录。

分布范围 省内主要分布于大连、本溪等地。国内主要分布于东北地区和新疆北部。国外主要分布于欧亚大陆北部。

勺鸡 *Pucrasia macrolopha*

英文名 Koklass Pheasant　　　　**分类地位** 鸡形目 雉科

保护级别 国家二级。

识别要点 中等体型的陆禽。体长 400~630mm，体重 750~1100g。雄鸟头部黑绿色，具显著的黑绿色羽冠；枕部及颈部棕色，两侧各有一白色斑；体羽呈现灰色具 "V" 形黑色纵纹；胸腹部深栗色。雌鸟整体暗淡，呈灰褐色，下颏及喉部白色。嘴铅灰色；虹膜深褐色；跗跖灰褐色。

生活习性 主要栖息于多岩石的针阔混交林和灌丛等地带。常单独或成对活动。主要觅食植物的根、果实及种子。每年 5~6 月繁殖，多营巢于灌丛间的地面上，每年 1 窝，每窝 5~7 枚卵，孵化期 26~27 天。在辽宁有繁殖记录。

分布范围 省内偶见于朝阳、葫芦岛。国内主要分布于华北以南，喜马拉雅山脉至中国东部的广大地区。国外主要分布于欧亚大陆南部、印度次大陆和中南半岛。

鸿雁 *Anser cygnoid*

保护级别 国家二级。

识别要点 大型游禽。体长 800~940mm，翼展 1650~1850mm，体重 2800~5000g。雌雄相似。成鸟嘴长，上嘴与头顶几呈直线；嘴基具明显白色细纹；头顶及后颈部中央呈暗棕褐色；背、肩、腰及两翼覆羽暗灰褐色，腹部颜色略淡；下颊及前颈部白色，与后颈颜色区别明显。雌鸟体型略小，两翅较短。幼鸟背部较黄而暗，额基部无白纹或不明显，两胁偏黄。嘴黑色；虹膜褐色；跗跖橙黄色。

生活习性 主要栖息于开阔平原和湖泊、水库、河流、沼泽及其附近地区。集群活动，常与其他雁类混群。主要以草本植物的叶、藻类等为食，偶以软体动物为食。每年 4~6 月繁殖，多营巢于芦苇丛或草丛中，每年 1 窝，每窝 4~8 枚卵，孵化期 28~30 天。在辽宁有繁殖记录。

分布范围 省内主要分布于大连、丹东、朝阳等地。国内主要繁殖于东北及内蒙古中东部，迁徙经过东部及中部大部分地区，越冬于长江中下游及东南沿海等地。国外主要分布于欧亚大陆东部。

白额雁 *Anser albifrons*

英文名 Greater White-fronted Goose   **分类地位** 雁形目 鸭科

保护级别 国家二级。

识别要点 大型游禽。体长 700~860mm，翼展 1300~1650mm，体重 2000~3500g。雌雄相似。成鸟整体灰褐色，腹部有不规则黑斑；尾下覆羽白色；嘴基至前额具白色条纹，且前额白色斑纹上端略圆。幼鸟额上白斑不明显，腹部黑色斑少或无。嘴粉红色；虹膜黑褐色；跗跖橘红色。

生活习性 主要栖息于湖泊、农田和沼泽湿地等生境。集群活动。主要以植物的叶、草籽和谷物等为食。

分布范围 省内大部分地区均有分布。国内迁徙时经过我国东部，越冬于长江中下游及东南沿海地区。国外主要分布于北美地区和欧亚大陆。

小白额雁 *Anser erythropus*

英文名　Lesser White-fronted Goose　　**分类地位**　雁形目　鸭科

保护级别　国家二级。

识别要点　大型游禽。体长 560~660mm，翼展 1150~1350mm，体重 1400~2300g。雌雄相似。成鸟与白额雁相似，但体型较小，体色较深；额部白斑较白额雁大且上端略尖，可延伸到两眼之间的头顶部；眼圈金黄色。嘴、跗跖较白额雁短。

生活习性　主要栖息于河流、湖泊、农田和沼泽等生境。集群活动，常与白额雁和其他雁鸭类等混群活动。主要以水生植物和藻类等为食，偶食少量的软体动物和昆虫等。

分布范围　省内主要分布于鸭绿江、辽河流域及大连、营口等地。国内迁徙时经过我国东部，越冬于长江中下游及华南沿海地区；新疆北部也有繁殖记录。国外主要分布于欧亚大陆。

疣鼻天鹅 *Cygnus olor*

英文名	Mute Swan	**分类地位**	雁形目　鸭科

保护级别　国家二级。

识别要点　大型游禽。体长 1250~1600mm，翼展 2000~2400mm，体重 6750~10000g。雌雄相似，雌性略小。通体雪白，雄鸟前额具明显的疣状突。雌鸟疣状突不明显或无。幼鸟无疣状突，体色淡灰褐色。嘴橘红色；虹膜褐色；跗跖黑色。

生活习性　主要栖息于水草丰盛的河流、湖泊等开阔水域。常成对活动。主要以水生植物的茎、叶和果实等为食。

分布范围　省内主要分布于大连、锦州和朝阳等地。国内繁殖于北部、中部的少数湖泊，迁徙经过东北和华北等部分地区，越冬于华东等地。国外主要分布于北美地区、欧亚大陆及非洲北部、非洲中南部地区、印度次大陆，以及澳大利亚和新西兰。

小天鹅 *Cygnus columbianus*

英文名 Tundra Swan　　　　　　　　**分类地位** 雁形目　鸭科

保护级别　国家二级。

识别要点　大型游禽。体长1150~1500mm，翼展1750~1950mm，体重4000~7000g。雌雄相似，雌性略小。外形与大天鹅相似，但体型小于大天鹅。主要区别在于小天鹅上嘴基部的黄斑不过鼻孔。嘴黑色，基部黄色；虹膜褐色；跗跖黑色。

生活习性　主要栖息于水生植物丰富的浅水水域。喜群居，多与大天鹅和其他雁鸭类混群。主要以水生植物的根、茎和种子为食，也偶食少量的软体动物和水生昆虫等。

分布范围　省内主要分布于大连、锦州、朝阳、盘锦等地。国内主要是旅鸟和冬候鸟，迁徙经过西北、东北及华北地区，越冬于长江中下游地区和东南沿海，偶至西南、华南和台湾等部分地区。国外主要分布于北美地区、欧亚大陆和太平洋诸岛屿。

大天鹅 *Cygnus cygnus*

保护级别 国家二级。

识别要点 大型游禽。体长 1400~1650mm，翼展 2050~2350mm，体重 8000~12000g。雌雄相似，雌性略小。全身白色；亚成体羽色较成体暗淡。嘴端部黑色，上嘴基部有大片黄色，且黄色呈锐角并延伸超过鼻孔；虹膜呈褐色；跗跖黑色。

生活习性 多栖息于开阔、水生植物繁茂的浅水水域。多成对或以小群活动，有时会与其他天鹅或雁鸭类混群活动。多从水下取食，食性主要以水生植物的根茎为主，也偶食少量的软体动物和水生昆虫等。

分布范围 省内各地区均有分布。国内绝大部分地区均有分布；多繁殖于西北北部和东北北部，迁徙经过西北和华北等地区，越冬于黄河三角洲至长江中下游流域，偶至东南沿海。国外主要分布于欧亚大陆。

鸳鸯 *Aix galericulata*

| 英文名 | Mandarin Duck | 分类地位 | 雁形目 鸭科 |

保护级别 国家二级。

识别要点 中型鸭类。体长410~510mm，翼展650~750mm，体重500~600g。雄鸟羽色华丽，头部冠羽橙红和蓝绿色；眼后白色眉纹汇入羽冠；颈部橙红；胸部暗紫色；胸侧具两条明显的白色横带；帆羽橙黄。嘴红色；跗跖橙黄色。雌鸟整体呈灰褐色，具白色眼纹；下体污白，无帆羽；胸至两胁具暗褐色斑。嘴灰褐色或粉红色；虹膜褐色；跗跖灰绿色。

生活习性 繁殖期多栖息于林木密集的河流、湖泊等处，非繁殖期多栖息于开阔的河流、湖泊等水域。繁殖期成对活动，非繁殖期集群活动。食性杂，繁殖期主要以动物性食物为食，如蚂蚁、石蝇、蝗虫、甲虫等；非繁殖期主要以植物的叶、草根、草籽和苔藓等植物性食物为食。每年4~5月繁殖，多营巢于树洞中，每年1窝，每窝7~12枚卵，孵化期28~29天。在辽宁有繁殖记录。

分布范围 省内大部分地区均有分布。国内繁殖于东北、华北、西南以及台湾，迁徙见于华中和华东大部分地区，越冬于长江流域及以南。国外主要分布于欧亚大陆东部。

棉凫 *Nettapus coromandelianus*

英文名   Asian Pygmy-goose   **分类地位**   雁形目   鸭科

保护级别   国家二级。

识别要点   小型鸭类。体长310~380mm，翼展590~670mm，体重190~260g。整体呈白色。雄鸟前额至头顶、背、两翼及尾部墨绿色，具墨绿色颈环，飞行时白色翼斑明显可见。雌鸟整体灰白色；全身大部分为褐色；具深褐色的过眼纹；无白色翼斑。雄鸟嘴棕色，雌鸟嘴褐色；雄鸟虹膜浅朱红色，雌鸟虹膜棕色；跗跖灰黑色。

生活习性   主要栖息于多浮水或挺水植物且水流较缓的水域。繁殖期多成对活动，迁徙期多集群。主要以水生植物，尤其是睡莲科植物为食，也吃昆虫和甲壳类等。

分布范围   省内主要分布于大连、锦州、盘锦等地。国内繁殖于长江以南流域，偶至北方。国外主要分布于欧亚大陆南部、印度次大陆、中南半岛、太平洋诸岛屿、华莱士区，以及澳大利亚和新西兰。

花脸鸭 *Sibirionetta formosa*

| 英文名 | Baikal Teal | 分类地位 | 雁形目　鸭科 |

保护级别　国家二级。

识别要点　小型鸭类。体长 360~430mm，翼展 650~750mm，体重 500~600g。雄鸟头侧有独特的黄、绿、白、黑斑环绕，头顶栗色；上背和两胁蓝灰而具褐色细斑；胸部具淡棕色而杂黑色斑点，胸和尾侧各具一白色横带，尾下覆羽黑色。雌鸟体羽整体棕褐色而杂黑色斑；嘴基部具明显白色圆斑。幼鸟似雌鸟，但胸部和胁部斑点颜色更深。嘴黑色；虹膜褐色；跗蹠灰黑色。

生活习性　非繁殖期多栖息于淡水或半咸水的河流、湖泊、沼泽和水库等开阔水域。常集群活动，常与其他鸭类混群。食性较杂，主要以水生植物的芽、叶、果实和种子等为食，也食草籽、软体动物和昆虫等。

分布范围　省内大部分地区均有分布。国内迁徙时经过东北、华北等地，越冬于华中、华东和华南的一些地区，包括海南和台湾。国外主要分布于欧亚大陆东北部和中南半岛。

斑头秋沙鸭 *Mergellus albellus*

英文名 Smew　　　　　　　　**分类地位** 雁形目　鸭科

保护级别 国家二级。

识别要点 小型鸭类。体长380~440mm，翼展560~690mm，体重340~720g。雄性整体呈白色；眼周及眼先黑色，枕侧黑纹汇于白色冠羽下；上背黑色；初级飞羽及胸侧具狭窄的黑色条纹；体侧具灰色细纹。雌鸟头顶至颈部栗褐色；眼周及眼先似雄鸟；喉部至前颈白色；上体深灰色；下体白色。嘴近黑色；虹膜褐色；跗跖灰色。

生活习性 繁殖期主要栖息于河流、湖泊或林间沼泽中，非繁殖期栖息于较开阔的水面。多集群活动，常与潜鸭类等混群。主要以鱼类、无脊椎动物为食，偶食植物性食物。

分布范围 省内大部分地区均有分布。国内除海南和青藏高原西部外均有分布；东北有繁殖记录，越冬于华北及以南地区。国外主要分布于欧亚大陆、印度次大陆和中南半岛。

赤颈䴙䴘 *Podiceps grisegena*

英文名 Red-necked Grebe　　**分类地位** 䴙䴘目　䴙䴘科

保护级别　国家二级。

识别要点　中型游禽。体长 400~570mm，体
重 1000g 左右。雌雄相似。夏羽
头部黑褐色，枕部两侧具不明
显的黑色羽冠，两颊及喉部灰白
色。背部黑褐色，前颈部至上胸
栗红色；下胸、腹和内侧飞羽白
色；两胁棕褐色。冬羽整体呈灰
褐色，头、后颈和背部颜色略深。
与凤头䴙䴘冬羽相似，但两颊及
前颈灰色较多。嘴黑色，基部黄
色；虹膜褐色；跗跖深褐色。

生活习性　主要栖息于淡水湖泊、沼泽和池塘等水域。多成对活动。主要以鱼类、蛙类和软体动物等
为食。每年 5~7 月繁殖，多营巢于水草丛中，每年 1 窝，每窝 4~5 枚卵，孵化期 20~23 天。
在辽宁有繁殖记录。

分布范围　省内主要分布于大连、丹东和盘锦等地。国内主要繁殖于东北地区，越冬于华北及东南沿
海，但已十分罕见。国外主要分布于北美地区和欧亚大陆。

角鸊鷉 *Podiceps auritus*

英文名　Horned Grebe　　　　　　**分类地位**　鸊鷉目　鸊鷉科

保护级别　国家二级。

识别要点　中型游禽。体长 310~390mm，体重 500g 左右。夏羽头及上颈部黑色，眼先至后枕具黄色簇状饰羽；上体黑褐色；眼先、前颈、上胸及体侧栗色；下胸白色。冬羽上体呈暗灰褐色；两颊、前颈及下体整体呈白色，且头部黑白界限分明。嘴黑色，端部白色，平直；虹膜红色；跗跖深褐色。

生活习性　主要栖息于开阔的湖泊、河流和沼泽等水域。多成对活动。主要以无脊椎动物和水生植物为食，也吃鱼类和蛙类等。

分布范围　省内主要分布于沈阳、大连和营口等地。国内繁殖于西北地区，迁徙经过东北、华北，越冬于长江中下游及以南的地区。国外主要分布于北美地区和欧亚大陆。

黑颈䴙䴘 *Podiceps nigricollis*

英文名 Black-necked Grebe　　　**分类地位** 䴙䴘目　䴙䴘科

保护级别 国家二级。

识别要点 中型游禽。体长 250~350mm，体重 240~400g。雌雄相似。夏羽头、颈、胸及上背黑色；眼后具扇形丝状饰羽。冬羽额、头顶、枕、后颈至上背黑色；前颈灰白色；下体白色；脸部黑白界线在嘴的延长线以下（与冬羽的角䴙䴘相反）。嘴黑色微翘；虹膜红色；跗跖灰黑色。

生活习性 主要栖息于内陆湖泊、河流、沼泽、池塘和水库等开阔水域。成对或集小群活动。主要以水生脊椎动物和水生植物等为食。每年 5~8 月繁殖，多营巢于多水草和芦苇等的水面，属浮巢，每年 1 窝，每窝 2~8 枚卵，孵化期约 21 天。在辽宁有繁殖记录。

分布范围 省内主要分布于大连、营口和盘锦等地。国内分布于绝大部分地区；繁殖于东北和西北地区，越冬于秦岭—淮河以南的大部分地区。国外主要分布于北美地区、欧亚大陆、非洲和中美洲。

红翅绿鸠 *Treron sieboldii*

英文名 White-bellied Green Pigeon **分类地位** 鸽形目 鸠鸽科

保护级别 国家二级。

识别要点 中型鸠鸽。体长 210~330mm，体重 200~340g。雌雄相似。雄鸟头颈部黄绿色为主，略显橙棕色；颏、喉及上胸部黄绿色；腹部近白色，两侧具灰斑；两翼覆羽栗红色。雌鸟整体呈绿色，两翼覆羽为暗绿色。嘴淡蓝色；虹膜红色；跗跖红色。

生活习性 主要栖息于阔叶林或混交林中。多为留鸟，常集小群活动。主要以山樱桃、草莓等浆果为食。

分布范围 省内偶见于大连等地。国内主要分布于东南部及秦岭以南地区，偶见于华北。国外主要分布于欧亚大陆、中南半岛和太平洋诸岛屿。

小鸦鹃 *Centropus bengalensis*

英文名 Lesser Coucal **分类地位** 鹃形目 杜鹃科

保护级别 国家二级。

识别要点 中型攀禽。体长 340~380mm，体重 85~167g。雌雄相似。成鸟夏羽头、颈、上背及下体黑色，具蓝黑色金属光泽的干纹；两翼橙红色具淡色纵纹；尾羽黑色具模糊横斑。嘴黑色而下弯，幼鸟嘴黄色，仅嘴基和尖端较黑；虹膜红色，幼鸟黄褐色；跗跖黑色。

生活习性 主要栖息于草地、芦苇丛、沼泽、灌丛和低矮的次生林等生境。常单独或成对活动。主要以昆虫和小型动物为食，也吃少量植物果实与种子。

分布范围 省内主要分布于大连、营口等地。国内主要分布于西南、东南和华东等地区，包括海南和台湾。国外主要分布于印度次大陆、中南半岛、太平洋诸岛屿和华莱士区。

花田鸡 *Coturnicops exquisitus*

英文名 Swinhoe's Rail　　　**分类地位** 鹤形目　秧鸡科

保护级别　国家二级。

识别要点　小型涉禽。体长120~140mm，体重20~31g。雌雄相似。成鸟上体暗褐色，具黑色纵纹及白色细横斑；颏、喉和下腹部黄白色；两胁及尾下级有深褐色及白色的斑纹；尾部短而上翘。嘴暗黄色；虹膜深褐色；跗跖黄褐色。

生活习性　主要栖息于河流、湖泊边和沼泽丛中。多晨昏活动，隐蔽性强。主要以藻类、水生昆虫及软体动物为食。

分布范围　省内主要分布于大连等地区。国内繁殖于东北北部，迁徙经过华北、西南等地，越冬于长江中下游及东南沿海地区。国外主要分布于欧亚大陆和中南半岛。

斑胁田鸡 *Zapornia paykullii*

英文名　Band-bellied Crake　　　　**分类地位**　鹤形目　秧鸡科

保护级别　国家二级。

识别要点　小型涉禽。体长220~270mm，体重110~159g。雌雄相似。成鸟上体深褐色，颊及上腹栗棕色，颏和喉部淡红色；腹、两胁和腋羽均暗褐色，具白色横纹。嘴黄绿色，前端黑；虹膜暗红色；跗跖红色。

生活习性　主要栖息于多草的湖泊、沼泽湿地等生境。常单独或成小群活动；夜行性，以晨昏及夜晚活动为主。主要以水生动物和水藻等为食，也食草籽和昆虫等。

分布范围　省内分布于大连、丹东和锦州等地。国内繁殖于东北和华北地区，迁徙经过华中、华东、华南和西南等地。国外主要分布于欧亚大陆、中南半岛和太平洋诸岛屿。

沙丘鹤 *Grus canadensis*

英文名　Sandhill Crane　　　　　**分类地位**　鹤形目　鹤科

保护级别　国家二级。

识别要点　大型涉禽。体长 950~1200mm，翼展 1600~2100mm，体重 2700~6700g。雌雄相似。成鸟通体灰色，颈部以下体羽略带褐色；前额、眼先和头顶具红色裸皮，被稀疏的刚毛；颏及喉部灰白。嘴灰黑色而较短；虹膜黄色；跗跖灰黑色。幼鸟全身棕褐色。

生活习性　主要栖息于开阔的湿地、浅水沼泽和湿草甸等生境。以家族群活动，常与其他鹤类混群。主要以各种灌木和草本植物的叶、芽、草籽和谷粒等为食，也吃部分昆虫。

分布范围　省内偶见于锦州等地。国内为罕见的冬候鸟或迷鸟，在华北、华南及东北地区偶有记录。国外主要分布于北美地区、欧亚大陆东部和中美洲。

蓑羽鹤 *Grus virgo*

| 英文名 | Demoiselle Crane | 分类地位 | 鹤形目 鹤科 |

保护级别 国家二级。

识别要点 大型涉禽。体长 900~1000mm，翼展 1500~1850mm，体重 1985~2750g。雌雄相似。成鸟头侧、颏、喉和前颈黑色，且前颈黑色羽延长成蓑状；头顶珠灰色；白色耳羽簇自眼后延伸至后颈；飞羽末端黑色，三级飞羽甚长。嘴黄绿色，尖端橙红；虹膜红色；跗跖灰黑色。

生活习性 多栖息于平原草地、草甸沼泽、湖泊等生境，也见于半荒漠地区的近水区域。常成对或以家族群活动，一般不与其他鹤类混群。主要以植物嫩芽、叶、草籽、小鱼、蛙类和水生昆虫等为食。

分布范围 省内主要分布于沈阳和锦州等地。国内繁殖于东北和西北部，迁徙经过华北和中部地区，越冬于西藏南部。国外主要分布于欧亚大陆和非洲。

灰鹤 *Grus grus*

英文名 Common Crane　　　**分类地位** 鹤形目　鹤科

保护级别　国家二级。

识别要点　大型涉禽。体长 950~1250mm，翼展 1800~2000mm，体重 1985~2750g。雌雄相似。成鸟整
　　　　　体灰色；头顶裸出呈红色，前额、眼先、脑后、喉和颈前黑色，眼后白色宽纹延伸至颈部。
　　　　　幼鸟体色较淡，头部无红色裸出；枕部淡黄；颈部无黑色羽。嘴灰绿色；虹膜黄褐色；跗
　　　　　跖灰黑色。

生活习性　主要栖息于水生植物丰富的开阔湖泊和芦苇沼泽等生境。常成对或以家族群活动，迁徙时集
　　　　　群。主要以水生植物、软体动物、鱼、虾和两栖动物等为食。

分布范围　省内大部分地区均有记录。国内各地均有分布记录；繁殖于东北北部和西北北部，越冬于华
　　　　　北、华中和西南等大部分地区。国外主要分布于欧亚大陆及非洲北部和印度次大陆。

鹮嘴鹬 *Ibidorhyncha struthersii*

英文名	Ibisbill	分类地位	鸻形目　鹮嘴鹬科

保护级别　国家二级。

识别要点　大型鸻鹬类。体长390~410mm，体重253~337g。雌雄相似。成鸟头顶、眼先和喉部黑色，脸颊、颈部、背部、翅和上胸为灰色，黑色和灰色间具一条明显的白色带状斑；胸部具明显的黑色带状条纹，黑色胸带和上胸部被一条狭窄的白色胸带分开；腹部白色。嘴红色而下弯；虹膜暗红色；跗跖粉红色。

生活习性　主要栖息于多砾石的河流、草滩和近水的林缘等生境。单独或集小群活动。主要以昆虫及小鱼等为食。每年5~7月繁殖，多于地面以小砾石营巢，每年1窝，每窝3~4枚卵。在辽宁有繁殖记录。

分布范围　省内分布于大连、丹东、营口、锦州和盘锦等地。国内主要分布于辽宁南部、华北、西北和西南等地，多为区域性留鸟。国外主要分布于欧亚大陆南部和印度次大陆。

半蹼鹬 *Limnodromus semipalmatus*

英文名 Asian Dowitcher　　　　　**分类地位** 鸻形目　鹬科

保护级别　国家二级。

识别要点　中型鸻鹬类。体长 310~360mm，体重 165~245g。雌雄相似。夏羽头、颈、前胸及腹部红褐色，具黑色贯眼纹，胸和腹部具褐色斑纹；背部及两翼黑褐色。冬羽整体灰色；上体灰褐色，具白色羽缘，颈侧及胸侧具灰褐色纵纹；下体白色。嘴长直、较粗，黑色，端部略膨大；虹膜深褐色；跗跖近黑色。

生活习性　主要栖息于河流、湖泊、沿海滩涂、河口和沼泽等湿地生境。常单独或成小群活动。主要以昆虫、蠕虫和软体动物等为食。

分布范围　省内分布于大连、丹东和营口等地。国内繁殖于东北地区，迁徙经过华北、华东、华南及东南沿海等地。国外主要分布于欧亚大陆、印度次大陆、中南半岛、太平洋诸岛屿，以及澳大利亚和新西兰。

小杓鹬 *Numenius minutus*

英文名 Little Curlew   **分类地位** 鸻形目 鹬科

保护级别 国家二级。

识别要点 中型鸻鹬类。体长 280~340mm，体重 100~250g。雌雄相似。成鸟整体修长，头顶淡色中央冠纹几与两侧黑色冠纹等宽；头侧、颈、胸、两胁和翼下覆羽黄褐色，具黑褐色斑纹；上体黑褐色，喉及腹部白色。嘴褐色，下嘴基肉色，尖细而略下弯；虹膜深褐色；跗跖蓝灰色。

生活习性 主要栖息于湿地附近开阔而干燥的草地或耕地等生境。常集群活动。主要以昆虫、草籽和浆果等为食。

分布范围 省内分布于大连、丹东和盘锦等地。国内分布于新疆至青海，东北及东部沿海省份，为不常见的旅鸟。国外主要分布于欧亚大陆东北部、太平洋诸岛屿，以及澳大利亚和新西兰。

白腰杓鹬 *Numenius arquata*

英文名　Eurasian Curlew　　　　**分类地位**　鸻形目　鹬科

保护级别　国家二级。

识别要点　大型鸻鹬类。体长 570~630mm，体重 659~1000g。雌雄相似。整体灰褐色；嘴甚长而下弯；头、颈、胸、上腹和两胁多黑褐色纵纹；飞羽为黑褐色与淡褐色相间的横斑，下腹部和尾下覆羽白色无斑，飞行时翼下较白无斑，可见明显白腰。嘴端深褐色，下基部肉色；虹膜深褐色；跗跖青灰色。似大杓鹬，但整体偏灰；下腹部白色无纵纹；飞行时翼下较白。

生活习性　主要栖息于沼泽、稻田、沿海滩涂和潮间带等湿地生境。常集大群活动。主要以甲壳类和水生无脊椎动物为食。

分布范围　省内分布于大连、丹东和盘锦等地。国内繁殖于东北地区，迁徙时经过我国大部分地区，越冬于长江以南的大部分地区，包括海南和台湾。国外主要分布于欧亚大陆、非洲、印度次大陆、中南半岛和太平洋诸岛屿。

大杓鹬 *Numenius madagascariensis*

英文名 Eastern Curlew　　　　　**分类地位** 鸻形目　鹬科

保护级别 国家二级。

识别要点 大型鸻鹬类。体长 530~660mm，体重 725~1100g。雌雄相似。整体黄褐色；嘴甚长而下弯；自颈部至尾下覆羽皮黄色且密布黑褐色条纹。飞行时翼下密布深褐色斑纹，腰部无白色。嘴黑褐色，下基部粉红色；虹膜暗褐色；跗跖青灰色。

生活习性 多栖息于沿海沼泽、河口潮间带和稻田等湿地生境。多集小群活动，迁徙时常与白腰杓鹬混群。主要以甲壳类、软体动物和蠕虫等为食。

分布范围 省内分布于大连、丹东、营口和盘锦等地。国内除西藏、云南和贵州外均有分布，多为旅鸟。国外主要分布于欧亚大陆东北部、印度次大陆、中南半岛、太平洋诸岛屿、华莱士区，以及澳大利亚和新西兰。

翻石鹬 *Arenaria interpres*

英文名 Ruddy Turnstone   **分类地位** 鸻形目 鹬科

保护级别   国家二级。

识别要点   中型鸻鹬类。体长 180~260mm，体重
82~135g。雌雄相似。成鸟夏羽整体
由黑色、栗色和白色组成，图案复杂。
雌鸟较雄鸟色淡。冬羽栗色褪去，整
体呈暗褐色。嘴近黑色；虹膜深褐色；
跗跖橙红色。

生活习性   多栖息于潮间带和内陆湖泊等湿地生
境。单独或集小群活动，迁徙时集大
群。主要以甲壳类、蠕虫和软体动物
等为食。

分布范围   省内分布于大连、丹东、营口和盘锦等地。国内除四川、贵州和云南外均有分布；在东南沿
海为冬候鸟，其他均为旅鸟。国外主要分布于北美地区、欧亚大陆、非洲、中美洲、南美
洲、加拉帕戈斯群岛、印度次大陆、中南半岛、太平洋诸岛屿、华莱士区，以及澳大利亚
和新西兰。

大滨鹬 *Calidris tenuirostris*

英文名 Great Knot   **分类地位** 鸻形目　鹬科

保护级别 国家二级。

识别要点 中型鸻鹬类。体长 260~300mm，体重 155~207g。雌雄相似。整体呈灰黑色。夏羽头部灰白杂灰褐色纵纹；胸部具大面积明显黑色斑纹；背部具栗红色斑纹。冬羽胸及两侧具灰色斑。飞行时腰部具 "U" 形白斑，末端灰色。嘴灰黑，比头长；虹膜褐色；跗跖灰绿色。

生活习性 主要栖息于沿海软质泥滩、盐田等咸水湿地生境。常集小群活动，迁徙时集大群。主要以甲壳类、软体动物和蠕虫等为食。每年 6~8 月繁殖，多营巢于山地苔藓富集的岩石地面，每年 1 窝，每窝约 4 枚卵。在辽宁有繁殖记录。

分布范围 省内主要分布于大连、丹东和营口等地。国内迁徙时经过北部和东部沿海，包括台湾；越冬于东南沿海，包括海南。国外主要分布于欧亚大陆东部、印度次大陆、中南半岛、太平洋诸岛屿、华莱士区，以及澳大利亚和新西兰。

阔嘴鹬 *Calidris falcinellus*

| 英文名 | Broad-billed Sandpiper | 分类地位 | 鸻形目　鹬科 |

保护级别　国家二级。

识别要点　小型鸻鹬类。体长 150~180mm，体
重 38~50g。雌雄相似。夏羽头部具
明显的暗褐色和白色相间的"西瓜
纹"；颊、喉、颈、胸及两胁白而
具褐色斑；背至尾黑褐色，具棕、
白相间的羽缘斑；中央尾羽暗褐
色，外侧灰褐，翼下及腹白。冬羽
上体灰，尾羽羽轴黑褐色。嘴基部
扁平，端部稍下弯，呈黑色；虹膜
深褐色；跗跖黑色。

生活习性　主要栖息于沿海滩涂、河口、沼泽和湖泊等湿地生境。性孤僻，单独或集小群活动，常与其
他鸻鹬类混群。主要以甲壳类、软体动物、蠕虫、环节动物和昆虫等为食。

分布范围　省内分布于大连、丹东和锦州等地。国内新疆、东北及东部沿海为旅鸟，少量越冬于南部沿
海，包括海南和台湾。国外主要分布于欧亚大陆、非洲、印度次大陆、中南半岛、太平洋
诸岛屿、华莱士区，以及澳大利亚和新西兰。

小鸥 *Hydrocoloeus minutus*

| 英文名 | Little Gull | 分类地位 | 鸻形目 鸥科 |

保护级别　国家二级。

识别要点　小型游禽。体长 240~300mm，翼展 620~690mm，体重 108~150g 的小型鸥类。雌雄相似。夏羽头黑色，后颈、腰、尾上覆羽和尾白色；上体和翼上覆羽浅灰；翼下覆羽黑，脸羽近黑色，后缘白色。冬羽头白色，头顶灰黑色，眼后具黑色斑。嘴纤细而呈深红色，幼鸟黑褐色；虹膜深褐色；跗跖红色。

生活习性　主要栖息于湖泊、沼泽、海岸及河口附近的湿地中。集群活动，常与其他鸥类混群。主要以昆虫、甲壳类和小鱼等为食。

分布范围　省内分布于大连、丹东和锦州等地。国内繁殖于新疆北部、内蒙古东北部，向西迁徙，迁徙期分布于黑龙江、辽宁、天津、河北、山西和青海等地，东部及南部沿海多有迷鸟记录。国外主要分布于北美地区和欧亚大陆。

黑腹军舰鸟 *Fregata minor*

英文名	Great Frigatebird	分类地位	鲣鸟目 军舰鸟科

保护级别　国家二级。

识别要点　大型海洋性鸟类。体长800~1050mm，翼展2060~2300mm，体重1000~1640g。雌鸟常大于雄鸟。嘴较长，前端具钩，嘴基和喉部裸出；翼长，尾呈叉状，趾间蹼呈深凹状。雄鸟通体黑色，喉部具红色喉囊；嘴灰黑色。雌鸟羽色较暗，颈基部棕色，颏、喉部及前胸白色；嘴偏粉色。虹膜褐色；跗跖灰色略带粉。

生活习性　主要栖息于热带、亚热带开阔海洋和沿海地带。善飞行。主要以鱼类为食。

分布范围　省内偶见于大连和锦州等地。国内分布于东部及南部沿海地区及海域。国外主要分布于南美洲、加拉帕戈斯群岛、中南半岛、太平洋诸岛屿、华莱士区，以及澳大利亚和新西兰。

白斑军舰鸟 *Fregata ariel*

英文名　Lesser Frigatebird　　　　　**分类地位**　鲣鸟目　军舰鸟科

保护级别　国家二级。

识别要点　大型海洋性鸟类。体长 660~810mm，翼展 1750~1930mm，体重 630~960g 的体型最小的军舰鸟，雌鸟常大于雄鸟。翅特别窄而长尖，尾亦甚长且呈叉状。雄鸟全身黑色；翼下至两胁具白色斑块，喉部具红色喉囊；嘴灰黑色。雌性羽色较暗；腹部白斑上延至颈部侧面，下延至翼下基部；嘴蓝灰色略带粉。幼鸟头和上胸白色而缀有锈红色，下胸有一宽阔的黑色横带，腹白色。虹膜黑褐色；跗跖粉色。

生活习性　主要栖息于热带海洋和海中的岛屿上。善飞行，主要在空中生活。以鱼类为食。

分布范围　省内偶见于大连。国内偶见于东南沿海，迷鸟分布于辽宁、北京、山东、河南、陕西和江西等地。国外主要分布于南美洲、印度次大陆、太平洋诸岛屿、华莱士区，以及澳大利亚和新西兰。

海鸬鹚 *Phalacrocorax pelagicus*

英文名 Pelagic Cormorant　　　　**分类地位** 鲣鸟目　鸬鹚科

保护级别 国家二级。

识别要点 大型游禽。体长 630~760mm，翼展 91~102mm，体重 1180~2200g。夏羽整体黑色；头、颈部多紫色光泽，其他部分具绿色光泽；头顶和枕部各有一束较短的铜绿色羽冠，眼周、嘴基和喉部裸露，呈暗红色；两胁各具一个大的白斑；尾羽常具金属光泽。冬羽无羽冠，眼周、嘴基暗红不明显。嘴暗黄色；虹膜绿色；跗跖灰色。

生活习性 主要栖息于温带海洋中的近陆岛屿和沿海地带。常集群活动。主要以鱼类、虾和其他甲壳类等为食。每年 4~7 月繁殖，多营巢于海中的礁石或峭壁上，每窝多 3~4 枚卵，孵化期约 26 天。在辽宁有繁殖记录。

分布范围 省内分布于大连等沿海地区。国内主要分布于东部沿海及其岛屿。国外主要分布于北太平洋沿岸。

白琵鹭 *Platalea leucorodia*

英文名 Eurasian Spoonbill   **分类地位** 鹈形目 鹮科

保护级别 国家二级。

识别要点 大型涉禽。体长 800~950mm，体重 1940~2175g。雌雄相似。整体白色；嘴扁平而长直，先端呈匙状，上喙具褶皱。成鸟繁殖期具黄色穗状羽冠；眼先和嘴基之间有一条黑线，喉部具橘黄色裸皮，胸略带黄色。非繁殖期羽色全白；冠羽褪去或不明显。嘴黑色，端部黄色；虹膜黄色；跗跖黑色。相似种黑脸琵鹭体型较小，嘴全黑，额基、脸一直到眼黑色，且与嘴的黑色融为一体。

生活习性 主要栖息于河流、湖泊、水库的浅水处，也见于海岸和河口区域。喜集群活动。主要以甲壳类、软体动物和小鱼等为食。每年 5~7 月繁殖，多营巢于临水的树上或苇塘深处，每年 1 窝，每窝 3~5 枚卵，孵化期 23~24 天，育雏期 35~40 天。在辽宁有繁殖记录。

分布范围 省内大部分地区均有分布。国内各地均有分布；繁殖于东北至新疆西北部，迁徙经过华北、西北和西南地区，越冬于长江中下游及以南的地区。国外主要分布于欧亚大陆、非洲和印度次大陆。

栗头鳽 *Gorsachius goisagi*

| 英文名 | Japanese Night Heron | 分类地位 | 鹳形目　鹭科 |

保护级别　国家二级。

识别要点　小型鹭科鸟类。体长480~490mm，翼展870~890mm。雌雄相似。嘴甚短而略下弯，头顶及后颈栗色，背及尾羽栗褐色；飞羽黑色，末端栗色；下体皮黄色，密布不规则的黑褐色纵纹。嘴角质色；虹膜黄色，眼先裸露皮肤呈黄绿色；跗跖灰绿色。

生活习性　主要栖息于沿海附近浓密森林或林缘地带的溪流中。多单独活动。主要以小型鱼类、甲壳类和昆虫等为食。

分布范围　省内仅大连有分布记录。国内主要分布于长江以南、台湾及环渤海地区，为罕见的冬候鸟或旅鸟。国外主要分布于欧亚大陆和太平洋诸岛屿。

鹗 *Pandion haliaetus*

英文名 Osprey　　　　　　　　**分类地位** 鹰形目　鹗科

保护级别　国家二级。

识别要点　大型猛禽。体长 560~620mm，翼展 1470~1690mm，体重 1000~1750g。雌雄相似。头部白色，头顶具有黑褐色的纵纹；枕部的羽毛呈披针形延长形成一个短的羽冠；眼周裸露皮肤铅黄绿色；黑色过眼纹达颈后，并与后颈的黑色融为一体；上体为沙褐色或灰褐色，略微具有紫色的光泽；下体为白色，颏部、喉部微具细的暗褐色羽干纹，胸部具有赤褐色的斑纹。飞翔时两翅狭长，滑翔时常呈"M"形。嘴黑色，蜡膜暗蓝色；虹膜黄色；跗跖黄色被羽，趾长而弯。

生活习性　栖息于湖泊、河流、海岸或开阔地，尤其喜欢在山地森林中的河谷或有树木的水域地带活动。单独或成对活动。常停立于近水的高点，也常盘旋于水面之上。发现猎物后，快速俯冲入水捕捉猎物。主要以鱼为食，有时也捕食蛙、蜥蜴、小型鸟类等其他小型陆栖动物。通常 3 月上旬到达繁殖地，9 月中旬离开繁殖地南迁。每年 3 月底至 4 月初繁殖，多营巢于树上，每年 1 窝，每窝约 3 枚卵，孵化期 30~35 天，育雏期约 42 天。在辽宁有繁殖记录。

分布范围　省内大部分地区均有分布。国内大部分地区均有分布；其中东北和西北为夏候鸟，东南部包括台湾和海南为冬候鸟，其他地区为旅鸟或留鸟。国外主要分布于北美地区、欧亚大陆、非洲、中美洲、南美洲、印度次大陆、中南半岛、太平洋诸岛屿、华莱士区，以及澳大利亚和新西兰。

黑翅鸢 *Elanus caeruleus*

英文名　Black-winged Kite　　　　**分类地位**　鹰形目　鹰科

保护级别　国家二级。

识别要点　小型猛禽。体长 310~370mm，770~920mm，体重 197~343g。雌雄相似。眼先和眼上有黑斑；前额白色，到头顶逐渐变为灰色；翅端黑色；后颈、背、肩和腰一直到尾上覆羽蓝灰色。尾较短，平尾，中间稍凹，呈浅叉状。嘴黑色，蜡膜黄色；虹膜血红色；跗跖黄色。

生活习性　栖息于有树木和灌木的开阔原野、农田、疏林和草原地区。喜停立于枯木、电线杆等视野开阔处。擅悬停。主要以田间鼠类、昆虫、小鸟、野兔和爬行类等为食。

分布范围　省内分布于大连、锦州、葫芦岛等地。国内常见于华东、华南和西南地区，区域性留鸟；东北、华北偶有记录。国外主要分布于欧亚大陆、非洲、印度次大陆、中南半岛、太平洋诸岛屿和华莱士区。

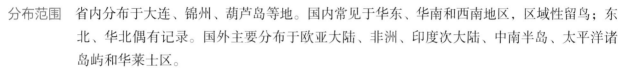

凤头蜂鹰 *Pernis ptilorhynchus*

| 英文名 | Oriental Honey Buzzard | 分类地位 | 鹰形目　鹰科 |

保护级别　国家二级。

识别要点　中型猛禽。体长 570~6210mm，翼展 1210~1350mm，体
重 800~1200g。雌雄相似。头小颈长；头顶暗褐色至黑
褐色；头眼部周围羽毛呈鳞片状；头的后枕部通常具有
短的黑色羽冠。鼓翼缓慢而沉重，滑翔时两翅平直。多
色型鸟类，但尾部始终具粗横斑。嘴和脚均显细弱，
但幼年时嘴较大。嘴灰黑色；虹膜为橘黄色；跗跖黄色
被羽。

生活习性　栖息于不同海拔高度的阔叶林、针叶林和混交林中，尤
以疏林和林缘地带较为常见。多单独活动，迁徙时集
群。喜攻击蜂巢，以蜂类为食，也吃其他昆虫或蜥蜴。
每年 5~8 月繁殖，多营巢于次生林的树上，每年 1 窝，
每窝约 2 枚卵，孵化期约 31 天，育雏期 41 天。在辽
宁有繁殖记录。

分布范围　省内大部分地区均有分布。国内繁殖于黑龙江至辽宁，迁徙经过全国大部分地区，少量越冬
于华南、海南和台湾等少数地区。国外主要分布于欧亚大陆、印度次大陆、中南半岛和太
平洋诸岛屿。

高山兀鹫 *Gyps himalayensis*

英文名 Himalayan Vulture　　　　　　**分类地位** 鹰形目　鹰科

保护级别 国家二级。

识别要点 大型猛禽。体长 1030~1100mm，翼展 2600~2890mm，体重 8000~12000g。雌雄相似。成鸟头颈裸露，覆少许丝状绒羽；颈基部有呈披针形的长簇羽形成的领翎围绕，通常为淡皮黄色或黄褐色，具有中央白色羽轴纹。翅下及腹部浅棕色或浅黄色；初级飞羽黑色；翅尖而长，略向上扬。嘴灰色，蜡膜淡褐色或绿褐色；虹膜橘黄色、乳黄色或淡褐色；跗跖灰色。

生活习性 栖息于海拔 2500~4500m 的高山、草原和河谷地区。多只或结成小群翱翔。主要以尸体、病弱的大型动物、旱獭、啮齿类或家畜等为食。每年 1~3 月繁殖，多营巢于崖壁处，有利用旧巢的习惯，每年 1 窝，每窝多 1 枚卵，雌鸟、雄鸟共同孵化，共同育雏。在辽宁有繁殖记录。

分布范围 省内主要分布于山地地区。国内分布于西部山区，为留鸟；偶见于辽宁、河北和内蒙古中部地区。国外主要分布于欧亚大陆中部和印度次大陆。

蛇雕 *Spilornis cheela*

| 英文名 | Crested Serpent Eagle | 分类地位 | 鹰形目　鹰科 |

保护级别　国家二级。

识别要点　大型猛禽。体长 650~760mm，翼展 1500~1690mm，体重 1150~1700g。雌雄相似。体色整体较深；嘴基部至眼周有明显黄色；头顶具黑色杂白的圆形羽冠；上体暗褐色，下体土黄色；颏、喉具暗褐色细横纹；腹部有黑白两色虫眼斑；飞羽暗褐色，羽端具白色羽缘；尾黑色，中间都有一条宽的淡褐色带斑。嘴灰褐色；虹膜黄色；跗跖及趾黄色，爪黑色。

生活习性　栖居于深山高大密林中。多成对活动。主要以蛇、蜥蜴等为食，也吃鼠和鸟类、蟹及其他甲壳动物。

分布范围　省内大部分地区均有分布，但不多见。国内分布于长江以南地区，包括海南和台湾，为留鸟；北方偶有记录。国外主要分布于欧亚大陆、非洲、印度次大陆、中南半岛、太平洋诸岛屿和华莱士区。

短趾雕 *Circaetus gallicus*

| 英文名 | Short-toed Snake Eagle | 分类地位 | 鹰形目　鹰科 |

保护级别　国家二级。

识别要点　大型猛禽。体长 620~700mm，翼展 1660~1880mm，体重 1200~2300g。雌雄相似。成鸟头、
　　　　　胸部褐色；腹部和翼下近白色具褐色斑纹；背和翼上褐色；尾灰褐色具棕色横纹。幼鸟整
　　　　　体浅色，胸和腹部白色少斑纹；幼鸟头和颈呈白色，腹部缀有皮黄色。嘴黑色，蜡膜灰色；
　　　　　虹膜黄色；跗跖灰色。

生活习性　栖息于低山丘陵和林缘及水边的开阔地区。常单独活动，可悬飞觅食。擅长捕蛇，也取食地
　　　　　面其他小型动物。

分布范围　省内主要分布于大连、锦州等地。国内繁殖于包括新疆天山以内的西北地区，迁徙时少见于
　　　　　北方、华中至西南等地区。国外主要分布于欧亚大陆、非洲、印度次大陆和太平洋诸岛屿。

鹰雕 *Nisaetus nipalensis*

英文名 Mountain Hawk-eagle　　**分类地位** 鹰形目　鹰科

保护级别 国家二级。

识别要点 大型猛禽。体长 640~840mm，翼展 1400~1650mm，体重 2500~3500g。雌雄相似。上体为褐色，有时缀有紫铜色；头侧和颈侧有黑色和皮黄色的条纹；头后有黑色长羽冠，远看具深色头罩；喉部和胸部为棕色，上胸具纵纹，胸以下具横纹；腰部和尾上的覆羽有淡白色的横斑；尾羽上有宽阔的黑色和灰白色交错排列的横带；两翼宽阔短圆，后缘突出，翼指 7 枚。嘴为铅灰色，蜡膜为黑灰色；虹膜为金黄色；跗跖黄色，爪黑色。

生活习性 主要栖息于森林中。单独或成对活动。主要捕食小型哺乳类，也捕食小鸟和大的昆虫，偶尔还捕食鱼类。每年 2~5 月繁殖，多营巢于河边的树上，每年 1 窝，每窝 1~2 枚卵，雌鸟孵化，雄鸟喂养。在辽宁有繁殖记录。

分布范围 省内主要分布于大连、沈阳、抚顺、本溪等地。国内多分布于东北、华北及南方大部分地区，北方为旅鸟或夏候鸟，南方为留鸟。国外主要分布于欧亚大陆、印度次大陆、中南半岛和太平洋诸岛屿。

靴隼雕 *Hieraaetus pennatus*

英文名 Booted Eagle   **分类地位** 鹰形目 鹰科

保护级别 国家二级。

识别要点 中型猛禽。体长420~510mm，翼展110~135mm，体重510~1250g。雌雄相似。多色型鸟类。前额、眼先白色，头顶至后颈和颈侧茶褐色，具暗褐色纵纹；有窄的黑色眉纹；胸棕色（深色型）或淡皮黄色（浅色型），无冠羽；上体褐色具黑色和皮黄色杂斑，两翼及尾褐色，尾部有模糊的次端横斑。飞行时深色的初级飞羽与棕色（深色型）或皮黄色（浅色型）的翼下覆羽呈强烈对比；迎面飞来时可见肩羽上两块显著白斑。嘴近黑色，蜡膜黄色；虹膜褐色；跗跖黄色被羽。

生活习性 栖息于山地林缘。常单独活动，迁徙期间亦成群。主要以啮齿动物、野兔、小鸟、爬行动物为食。善飞行，两翅扇动甚快，常在森林中树木间穿梭。

分布范围 省内主要分布于大连等地。国内主要分布于东北、西北、华北、华中和西南等地区；新疆为夏候鸟，辽宁为偶见冬候鸟。国外主要分布于欧亚大陆、非洲、印度次大陆和中南半岛。

白腹隼雕 *Aquila fasciata*

英文名 Bonelli's Eagle　　　**分类地位** 鹰形目　鹰科

保护级别　国家二级。

识别要点　大型猛禽。体长 550~670mm，翼展 1430~1760mm，体重 1500~2525g。雌雄相似。上体暗褐；头顶和后颈棕褐，随着年龄增长体色逐渐变浅并出现深色纵纹；颈侧和肩部的羽缘灰白色，飞羽灰褐色，背部白色块斑明显；内侧羽片上有云状的白斑。灰色的尾羽较长，上面具有 7 道不明显的黑斑。飞翔时翼下覆羽黑色，下体白且具暗褐色羽轴纹。嘴粗壮，尖端黑色，基部灰色，蜡膜黄色；虹膜黄褐色；跗跖黄色被羽。

生活习性　主要栖息于低山丘陵和山地森林中的悬崖和河谷岸边的岩石上，主要以鼠类、水鸟、鸡类、岩鸽、斑鸠、鸦类和其他中小型鸟类为食。

分布范围　省内偶见于大连等地。国内主要分布在长江及其以南地区，均为留鸟。国外主要分布于欧亚大陆、非洲、印度次大陆、中南半岛和华莱士区。

凤头鹰 *Accipiter trivirgatus*

英文名	Crested Goshawk	分类地位	鹰形目 鹰科

保护级别　国家二级。

识别要点　中型猛禽。体长 360~490mm，翼展 740~900mm，体重 360~530g。雌雄相似。前额至后颈呈黑灰色，头和颈侧较淡，头顶具明显的羽冠；背部褐色，颏、喉和胸白色，颏和喉具一黑褐色中央纵纹；胸具宽的棕褐色纵纹，腹部浅褐色。嘴灰色，尖部黑色；虹膜和眼睑黄绿色；脚和趾淡黄色，爪角黑色。

生活习性　常栖息在 2000m 以下的山地森林和山脚林缘地带，擅长在林间捕食。主要以蛙、蜥蜴、鼠类、昆虫等动物性食物为食，也吃鸟和小型哺乳动物。

分布范围　省内偶见于大连、锦州等地。国内多分布于长江以南地区，留鸟。国外主要分布于欧亚大陆、印度次大陆、中南半岛和太平洋诸岛屿。

赤腹鹰 *Accipiter soloensis*

英文名	Chinese Sparrowhawk	分类地位	鹰形目 鹰科

保护级别 国家二级。

识别要点 小型猛禽。体长 260~360mm，翼展 520~620mm，体重 108~132g。雌雄相似。成鸟上体淡蓝灰，背部羽尖略具白色，外侧尾羽具不明显黑色横斑；下体白，胸及两胁略沾粉色，两胁具浅灰色横纹，腿上也略具横纹；除初级飞羽羽端黑色外，几乎全白。雌鸟的体型明显大于雄鸟，雌鸟虹膜颜色较雄鸟浅，雄鸟比雌鸟的鸣叫声更加尖锐短促。亚成鸟上体褐色，尾具深色横斑，下体白，喉具纵纹，胸部及腿上具褐色横斑。嘴灰色，端黑，蜡膜橘黄；虹膜红褐色；跗跖橘黄。

生活习性 栖息于山地森林和林缘地带，喜活动于稀疏林区。捕食动作快，有时在上空盘旋。主要以蛙、蜥蜴等动物性食物为食，也吃小型鸟类、鼠类和昆虫。每年 5~6 月繁殖，多营巢于林中树上，每年 1 窝，每窝 2~5 枚卵，雌鸟、雄鸟轮流孵化，共同育雏。在辽宁有繁殖记录。

分布范围 省内大部分地区均有分布。国内分布于中、东部大部分地区，为繁殖鸟；海南和台湾为冬候鸟。国外主要分布于欧亚大陆、中南半岛、太平洋诸岛屿和华莱士区。

日本松雀鹰 *Accipiter gularis*

英文名 Japanese Sparrowhawk　　**分类地位** 鹰形目　鹰科

保护级别　国家二级。

识别要点　小型猛禽。体长 230~330mm，翼展 460~580mm，体重 75~173g。雄鸟背部灰色，腹部淡红有深褐色细横纹，脸颊灰色；喉部中央有细窄明显的黑纹，头部比例较其他鹰大；翅短圆，翅下的覆羽白色而具有灰色的斑点；尾较短而方。雌鸟比雄鸟体型大，腹部基本白色，且横纹较雄性粗。嘴蓝灰色，尖端黑色；虹膜深红色；跗跖黄色，爪黑色。幼鸟颈部至胸部为粗纵纹，喉中线较成鸟明显，胁部具粗横纹，虹膜黄色。

生活习性　栖息于山地针叶林和混交林中。常单独或以零星小群活动。主要以山雀、莺类等小型鸟类为食。每年 5~7 月繁殖，多营巢于松树、青杨等树上，每年 1 窝，每窝 5~6 枚卵。在辽宁有繁殖记录。

分布范围　省内各地区均有分布。国内主要繁殖于东北地区，迁徙经过东部地区，少量越冬于华南地区，包括海南和台湾。国外主要分布于欧亚大陆、中南半岛、太平洋诸岛屿和华莱士区。

松雀鹰 *Accipiter virgatus*

英文名 Besra　　　　**分类地位** 鹰形目　鹰科

保护级别 国家二级。

识别要点 小型猛禽。体长 230~390mm，翼展 510~700mm，体重 130~190g。雌雄相似。雄鸟上体黑灰色，喉白色，喉中央有一条宽阔而粗的黑色中央纹；下体白色或灰白色，具褐色或棕红色斑，尾具 4 道暗色横斑。雌鸟比雄鸟体型大，上体暗褐色，下体白色具暗褐色或赤棕褐色横斑。嘴基部为铅灰色，尖端黑色，蜡膜黄色；虹膜为黄色；跗跖黄色。

生活习性 主要栖息于林缘和丛林边等较为空旷处。常单独或成对活动。以小型鸟类、蜥蜴、昆虫和小型鼠类为食。

分布范围 省内主要分布于大连。国内主要分布于南方大部分地区，包括海南和台湾，为常见留鸟；偶有个体游荡至华北及辽宁的大连地区。国外主要分布于欧亚大陆、印度次大陆、中南半岛、太平洋诸岛屿和华莱士区。

雀鹰 *Accipiter nisus*

英文名 Eurasian Sparrowhawk　　**分类地位** 鹰形目　鹰科

保护级别 国家二级。

识别要点 小型猛禽。体长 310~380mm，翼展 600~790mm，体重 130~350g。成鸟躯干细长，尾约与躯干等长，且展开后缘较平，而非扇形。雄鸟上体鼠灰色或暗灰色，前额棕色，后颈羽基白色。雌鸟比雄鸟体型大，上体灰褐色，前额乳白色或缀有淡棕黄色；头顶至后颈灰褐色，具有较多羽基显露出来的白斑，多有白色眉纹；喉具褐色细纵纹，无中央纹。幼鸟胸部有粗纵纹，胁部有粗横纹。嘴角质色，端黑；虹膜黄色；跗跖黄色。

生活习性 栖息于针叶林、混交林、阔叶林等山地森林和林缘地带。常单独活动。主要以鸟、昆虫和鼠类等为食。春季于 4~5 月迁到繁殖地，最早 4 月末开始产卵，窝卵数 3~5 枚，孵化期为 23~25 天。由雌鸟孵化，雄鸟寻找食物。双亲在育雏期间表现出极强的护巢性。秋季于 10~11 月离开繁殖地。在辽宁有繁殖记录。

分布范围 省内各地区均有分布。国内各地区均有分布；东北和西北为夏候鸟，西南为留鸟，东部为冬候鸟。国外主要分布于欧亚大陆、非洲、印度次大陆和中南半岛。

苍鹰 *Accipiter gentilis*

| 英文名 | Northern Goshawk | 分类地位 | 鹰形目 鹰科 |

保护级别 国家二级。

识别要点 大型猛禽。体长 467~600mm，翼展 1060~1310mm，体重 500~1100g。雌雄相似，但雌鸟比雄鸟体型大。成鸟头顶、枕和头侧黑褐色，枕部有白羽尖，眉纹白杂黑纹；背部棕黑色，翅较其他鹰类稍长；胸以下密布灰褐和白色相间横纹；尾灰褐，有 4 条宽阔黑色横斑，呈方形；飞行时，双翅宽阔，翅下白色，但密布黑褐色横带。嘴粗大，角质灰色，基部沾蓝，蜡膜黄色；虹膜红色；跗跖黄色，爪黑色。亚成体上体都为褐色，有不明显暗斑点；下体为纵纹，虹膜黄色。

生活习性 栖息于疏林、林缘和灌丛地带。常单独或成对活动。主要以森林啮齿类和小型鸟类为食，也可捕食较大猎物。国内主要为候鸟，迁徙时间春季在 3~4 月，窝卵数 4~5 枚，孵化期 33 天左右。秋季在 10~11 月。秋季迁徙经常在天空中集群。在辽宁有繁殖记录。

分布范围 省内大部分地区均有分布。国内大部分地区均有分布；多繁殖于东北、西北、西南部分地区，越冬于南方和东部沿海。国外主要分布于北美地区、欧亚大陆、中美洲、中南半岛和太平洋诸岛屿。

白头鹞 *Circus aeruginosus*

英文名 Western Marsh Harrier   **分类地位** 鹰形目 鹰科

保护级别 国家二级。

识别要点 中型猛禽。体长480~600mm，翼展1150~1400mm，体重530~740g。雄鸟头部多皮黄色而少深色纵纹，且下体栗色浓重；飞行时翅、腹均白色，翅端具黑色横带。雌鸟腰无浅色，翼下初级飞羽的白色块斑少深色杂斑；飞行时腹面棕褐色，棕褐色飞羽下显银灰色斑；背部为深褐，尾无横斑。幼鸟头顶少深色粗纵纹。嘴灰色；虹膜黄色，幼鸟暗褐色；跗跖黄色。

生活习性 栖息于低山平原地区的河流、湖泊、沼泽地区。单独或成对活动，多低空飞行，鼓翅缓慢。主要以小型鸟类、鸟卵、啮齿类、两栖类、蛇等动物为食。

分布范围 省内大部分地区均有记录。国内繁殖于西北地区，越冬于西南地区，偶见于东北、华北等地。国外主要分布于欧亚大陆、非洲、印度次大陆和中南半岛。

白腹鹞 *Circus spilonotus*

| 英文名 | Eastern Marsh Harrier | 分类地位 | 鹰形目 鹰科 |

保护级别 国家二级。

识别要点 中型猛禽。体长470~594mm，翼展1130~1370mm，体重490~780g。雌雄异色。雄鸟头顶、头侧、后颈至上背白色，具宽阔的黑褐色纵纹；肩、下背、腰黑褐色，具灰白色或淡棕色斑点。雌鸟上体褐色，具棕红色羽缘；头至后颈乳白色或黄褐色，具暗褐色纵纹。幼鸟似雌鸟，但上体较棕褐色，颏、喉皮黄色，其余下体棕褐色，胸常具棕白色羽缘。嘴黑色，基部淡黄色；成鸟虹膜暗黄色，幼鸟暗褐色；跗跖淡黄绿色。

生活习性 主要栖息于沼泽、芦苇塘、江河与湖泊沿岸等较潮湿而开阔的生境。常单独或成对活动。主要以小型脊椎动物和大的昆虫为食。

分布范围 省内大部分地区均有分布。国内主要繁殖于东北、华北地区，越冬于长江中下游及以南地区。国外主要分布于欧亚大陆、中南半岛和太平洋诸岛屿。

白尾鹞 *Circus cyaneus*

英文名　Hen Harrier　　　　　**分类地位**　鹰形目　鹰科

保护级别　国家二级。

识别要点　中型猛禽。体长 430~530mm，翼展 980~1240mm，
体重 310~600g。雄鸟上体蓝灰色，头和胸较暗；
翅尖黑色，尾上覆羽白色，腹、两胁和翅下覆羽
白色。雌鸟上体暗褐色，尾上覆羽白色；下体皮
黄白色或棕黄褐色，杂以粗的红褐色或暗棕褐色
纵纹；白腰明显且与背部及尾部有明确界线。嘴
灰色，蜡膜黄绿色；虹膜黄色；脚黄色。

生活习性　栖息于平原和低山丘陵地带。单独或成对活动；
主常贴地面低空飞行，滑翔时两翅上举成"V"字形。主要以小型脊椎动物和大型昆虫等为
食。雌鸟筑巢，多营巢于苇塘中，每年 1 窝，每窝 4~6 枚卵，孵化期 30~35 天，雌鸟孵卵。
在辽宁有繁殖记录。

分布范围　省内大部分地区均有分布。国内多地均有分布，繁殖于东北、华北和西北地区，越冬于长江
流域以南地区。国外主要分布于北美地区、欧亚大陆、中美洲和南美洲。

鹊鹞 *Circus melanoleucos*

英文名 Pied Harrier   **分类地位** 鹰形目 鹰科

保护级别 国家二级。

识别要点 小型猛禽。体长 420~480mm，翼展 110~125mm，体重 250~380g。两翼细长。雄鸟头部、颈部、背部和胸部均为黑色，尾上的覆羽为白色；翅上有白斑，下胸部至尾下覆羽和腋羽为白色，尾羽为灰色。雌鸟整体棕褐色；胸部黄褐色具较明显棕色纵纹，腹部色浅而少纵纹；翼下羽色浅，可见横斑。幼鸟整体色深，为棕色；枕部白色；翼下飞羽色浅，具不明显横纹；腹部棕色无纵纹；尾上覆羽白色较明显。嘴黑色或暗铅蓝灰色，基部沾蓝，虹膜黄色，幼鸟暗褐色；跗跖黄色。

生活习性 主要栖息于开阔的原野、沼泽、稻田和芦苇地等生境。常单独活动。主要以小型动物为食。4 月初开始迁到繁殖地，多营巢于疏林的灌丛草甸中，每年 1 窝，每窝 4~5 枚卵，雌雄轮流孵化，孵化期 30 天左右。10 月末至 11 月初离开繁殖地。在辽宁有繁殖记录。

分布范围 省内大部分地区均有分布。国内主要繁殖于东北地区，越冬于长江流域以南地区。国外主要分布于欧亚大陆、印度次大陆、中南半岛和太平洋诸岛屿。

黑鸢 *Milvus migrans*

英文名	Black Kite	分类地位	鹰形目 鹰科

保护级别　国家二级。

识别要点　中型猛禽。体长 540~690mm，翼展 1500mm 左右，体
重 900~1160g。雌雄相似。成鸟前额基部和眼先灰白
色，前额及脸颊棕色；耳羽黑褐色，头顶至后颈棕褐
色，具黑褐色羽干纹；上体暗褐色，微具紫色光泽和
不甚明显的暗色细横纹和淡色端缘；翅狭长，尾较长，
呈叉状，具宽度相等的黑色和褐色相间排列的横斑。
雌鸟体型大于雄鸟。嘴黑；虹膜棕色；跗跖黄色。亚
成鸟头及下体具皮黄色纵纹。

生活习性　主要栖息于开阔平原、草地、荒原和低山丘陵地带。在空中翱翔时两翅平伸，翼下有白斑
和尾呈"X"状。喜停于铁丝网柱等相对高处。主要以啮齿类、蜥蜴等为食，部分个体擅捕
鱼，同时具有腐食食性。部分种群大规模集体迁徙。

分布范围　省内大部分地区均有分布。国内大部分地区均有分布；东北为夏候鸟，其他地区多为留鸟。
国外主要分布于欧亚大陆、非洲、印度次大陆、中南半岛、太平洋诸岛屿、华莱士区，以
及澳大利亚和新西兰。

灰脸鵟鹰 *Butastur indicus*

英文名 Grey-faced Buzzard **分类地位** 鹰形目 鹰科

保护级别 国家二级。

识别要点 中型猛禽。体长390~460mm，翼展1050~1150mm，体重375~500g。上体暗棕褐色；脸颊和耳区为灰色，眼先和喉部均为白色；喉部还有黑褐色中央宽纵纹；胸部以下为白色，具有较密的棕褐色横斑；尾羽灰褐色，具有3道宽的黑褐色横斑。嘴黑色，基部和蜡膜黄色；虹膜黄色；跗跖黄色，爪黑色。幼鸟上体褐色，具纤细的黑褐色羽轴纹和棕白色羽缘，尾羽褐色。下体乳白色或皮黄色，喉白色沾棕，具黑褐色中央纹；上胸具粗的棕褐色纵纹，下胸和腹以及两胁具棕褐色横斑。

生活习性 主要栖息于阔叶林、针阔叶混交林以及针叶林等山林地带。单独活动，集大群迁徙，飞行缓慢而沉重。食大型昆虫及蜥蜴，偶尔捕食啮齿类和小鸟。每年4月进入繁殖期，多营巢于树的顶端或树杈上，每年1窝，每窝2~4枚卵，孵化期32~33天，育雏期34~36天。在辽宁有繁殖记录。

分布范围 省内大部分地区均有分布。国内大部分地区均有分布，繁殖于东北地区，迁徙经过华北、华中、华东和西南，越冬于华南地区，包括海南和台湾。国外主要分布于欧亚大陆、中南半岛、太平洋诸岛屿和华莱士区。

毛脚鵟 *Buteo lagopus*

英文名 Rough-legged Hawk　　**分类地位** 鹰形目　鹰科

保护级别 国家二级。

识别要点 中型猛禽。体长450~620mm，翼展1200~1530mm，体重650~1100g。雌雄相似。上体呈暗褐色，下背和肩部常具近白色的不规则横带；尾部覆羽常有白色横斑，圆而不分叉。幼鸟似成鸟，但颜色较浅；翼后缘、尾后缘黑色不甚明显。嘴基黄色，端部灰色；虹膜暗褐色，幼鸟黄色；跗跖黄色，爪褐色。

生活习性 主要栖息于低山丘陵、农田附近的空旷地带。常单独活动，较其他鵟类相比更喜欢低空巡航。主要以田鼠等小型脊椎动物和小型鸟类为食。

分布范围 省内大部分地区均有分布。国内分布于西北、东北至东部沿海地区，冬候鸟。国外主要分布于北美地区、欧亚大陆、中南半岛和太平洋诸岛屿。

大鵟 *Buteo hemilasius*

英文名 Upland Buzzard   **分类地位** 鹰形目 鹰科

保护级别 国家二级。

识别要点 大型猛禽。体长 570~710mm，翼展 1430~1610mm，体重 1320~2100g。多色型鸟类，包括浅色型和深色型等，其中浅色型较为常见。成鸟头顶和后颈白色，各羽贯以褐色纵纹；头侧白色；上体淡褐色，有暗色横斑，羽干白色；下体大都棕白色，飞翔时棕黄色的翼下有白斑。嘴基黄色，嘴端灰色；虹膜暗褐色，幼鸟黄色；跗跖和趾蜡黄色，前面通常被羽，爪黑色。

生活习性 主要栖息于低山丘陵、农田附近的空旷地带。单独或成对活动，擅高空盘旋。主要以小型脊椎动物和石鸡等鸟类为食，也可捕食较大的地面猎物。

分布范围 省内大部分地区均有分布。国内广泛分布于东北、华北、西北和西南等地区，为各地较常见的候鸟或留鸟；华南、华东地区较少见。国外主要分布于欧亚大陆和印度次大陆。

普通鵟 *Buteo japonicus*

英文名 Eastern Buzzard   **分类地位** 鹰形目 鹰科

保护级别 国家二级。

识别要点 大型猛禽。体长 420~540mm，翼展 1220~1370mm，体重 500~1100g。多色型鸟类，体色变化较大，可分为浅色型、中间型和深色型。成鸟上体主要为暗褐色，下体主要为暗褐色或淡褐色，具深棕色横斑或纵纹；尾淡灰褐色，具多道暗色横斑；飞翔时两翼宽阔，初级飞羽基部有明显的白斑；翼下白色，仅翼尖、翼角和飞羽外缘黑色；浅色型为黑褐色；深色型尾散开呈扇形。翱翔时两翅微向上举呈浅"V"字形。嘴基黄色，端部灰色；虹膜暗褐色，幼鸟黄色；跗跖黄色被羽。幼鸟似成鸟；上体具浅色羽缘；胸部、腹部具较明显褐色纵纹。

生活习性 主要栖息于林缘农田等开阔地带，城中亦为常见。常单独或成对活动。主要以森林鼠类为食。每年 4~6 月繁殖，多营巢于大树上，每年 1 窝，每窝 2~3 枚卵，孵化期约 28 天。在辽宁有繁殖记录。

分布范围 省内大部分地区均有分布。国内大部分地区均有分布；其中东北为夏候鸟，越冬于我国华北以南的大部分地区及西北部。国外主要分布于欧亚大陆、非洲、印度次大陆和中南半岛。

北领角鸮 *Otus semitorques*

英文名 Japanese Scops Owl   **分类地位** 鸮形目　鸱鸮科

保护级别 国家二级。

识别要点 小型鸮类。体长 210~260mm，体重 100~170g。雌雄相似。上体暗褐色；额和面盘棕白色；后颈的棕白眼斑形成翎领；下体灰白而具黑褐色纵纹；尾羽灰褐色，横贯以 6 道棕色带黑点的横斑。幼鸟褐色，杂白色或棕黄斑；下体有淡褐色横斑。嘴淡角质色；虹膜红色；跗跖被羽。

生活习性 主要栖息于低山丘陵和开阔的平原森林地带。除繁殖期成对活动外，通常单独活动。夜行性，白天多躲藏在树上浓密的枝叶丛间，晚上才开始活动和鸣叫。主要以昆虫和小型脊椎动物等为食。每年 3~6 月繁殖，多营巢于天然树洞内，或利用啄木鸟废弃的旧树洞。在辽宁有繁殖记录。

分布范围 省内各地区均有分布。国内广泛分布于东北、华北、华中和华东等地区；东北地区多为夏候鸟，其他为冬候鸟。国外主要分布于欧亚大陆东南部。

红角鸮 *Otus sunia*

英文名　Oriental Scops Owl　　　　**分类地位**　鸮形目　鸱鸮科

保护级别　国家二级。

识别要点　小型猛禽。体长 160~220mm，体重 75~95g。雌雄相似，雌鸟体型大于雄鸟。多色型鸟类，可分为红色型和灰色型。上体棕栗色或灰褐色，面盘灰褐色，具黑色细纹；领圈淡棕色，耳羽基部棕色；头顶至背和翅覆羽杂以棕白色斑；飞羽大部分黑褐色，尾羽灰褐色；下体大部红褐至灰褐色，有暗褐色纤细横斑和黑褐色羽干纹。嘴角质色，先端近黄色；虹膜黄色；跗跖灰色被羽，爪灰褐色。

生活习性　主要栖息于山地和平原地区的阔叶林和混交林，也见于居民区附近的森林或城市公园等。除繁殖期成对活动外，通常单独活动。主要以昆虫、鼠类等为食。每年 5 月营巢，多营巢于天然树洞，每年 1 窝，每窝 3~5 枚卵，孵化期约 28 天。在辽宁有繁殖记录。

分布范围　省内大部分地区均有分布。国内广泛分布于东部地区，多为夏候鸟或旅鸟。国外主要分布于欧亚大陆、印度次大陆、中南半岛和太平洋诸岛屿。

雪鸮 *Bubo scandiacus*

英文名	Snowy Owl		分类地位	鸮形目　鸱鸮科

保护级别　国家二级。

识别要点　大型鸮类。体长 540~635mm，体重 1000~1950g。
　　　　　成鸟雄性通体为雪白色，几无斑；雌性则布满暗
　　　　　色的横斑。头圆而小，面盘不显著，无耳羽簇；
　　　　　嘴基部长满了刚毛一样的须状羽，几乎把嘴全部
　　　　　遮住。嘴灰色；虹膜金黄色；跗跖被羽，爪基灰
　　　　　色，末端黑色。

生活习性　栖息于冻土和苔原地带，也见于荒地丘陵。主要
　　　　　以鼠类、鸟类和昆虫等为食，也食兔类。

分布范围　省内分布于北部山区。国内多分布于东北和西北地区，冬候鸟；偶见于华北和华中等地区。
　　　　　国外主要分布于北美地区和欧亚大陆。

雕鸮 *Bubo bubo*

英文名　Eurasian Eagle-owl　　　　分类地位　鸮形目　鸱鸮科

保护级别　国家二级。

识别要点　大型鸮类。体长 590~730mm，体重 1025~3959g。
雌雄相似。耳羽簇长，面盘显著，呈淡棕黄色，
杂以褐色细斑；眼先和眼前缘密被白色刚毛状
羽，各羽均具黑色端斑，眼的上方有一大型黑斑；
面盘淡棕白色或栗棕色，满杂以褐色细斑；体羽
褐色斑驳，胸部偏黄，多具深褐色纵纹，且每片
羽毛均具褐色横斑。嘴黑褐色；虹膜橙红色；跗
跖被羽，爪铅黑褐色。

生活习性　栖息于远离人群的森林、荒野等各类环境。常单独活动，昼伏夜出。主要以中小型脊椎动
物和雉类等鸟类为食。早春繁殖，多营巢于树洞或其他鸟类的弃洞中，每年 1 窝，每窝 2~5
枚卵。在辽宁有繁殖记录。

分布范围　省内各地区均有分布。国内除海南、台湾以外的地区均有分布，留鸟。国外主要分布于欧亚
大陆。

灰林鸮 *Strix aluco*

英文名	Tawny Owl		分类地位	鸮形目　鸱鸮科

保护级别　国家二级。

识别要点　中型鸮类。体长370~486mm，体重322~900g。雌雄相似。多色型，可分为灰色型和红色型。成鸟头圆，无耳簇羽；面盘明显，橙棕色或黑褐色；上体棕色或暗灰色具褐色斑杂状，翅上有显著的棕白色翅斑；两胁具白色小斑点；下体白色或皮黄白色。嘴淡黄色；虹膜深褐色；跗跖被羽，爪角黄褐色。

生活习性　主要栖息于山地阔叶林和混交林中，尤其喜欢河岸和沟谷森林地带。夜行性。主要以啮齿类为食。

分布范围　省内分布于大连、丹东等地。国内分布于东北、华北、新疆北部、华中、华东、西南及华南地区，包括台湾，为留鸟。国外主要分布于欧亚大陆、非洲和中南半岛。

长尾林鸮 *Strix uralensis*

英文名 Ural Owl   **分类地位** 鸮形目 鸱鸮科

保护级别 国家二级。

识别要点 大型鸮类。体长450~538mm，体重452~842g。雌雄相似。成鸟头部较圆，没有耳簇羽，面盘显著，为灰白色，具细的黑褐色羽干纹；体羽大多为浅灰色或灰褐色，有暗褐色条纹；下体的条纹特别延长，而且只有纵纹，没有横斑；尾羽较长，稍呈圆形，具显著的横斑和白色端斑。嘴淡黄色；虹膜暗褐色；跗跖被羽。

生活习性 栖息于山地针叶林、针阔叶混交林和阔叶林中。除繁殖期外，常单独活动。主要以鼠类等小型动物为食。每年为4~6月繁殖，多营巢于树洞中，也有在树根下地面上或林中河岸的石崖上营巢，每年1窝，每窝2~6枚卵。在辽宁有繁殖记录。

分布范围 省内分布于沈阳、大连、丹东等地。国内分布于东北至华北北部和新疆极北部，留鸟。国外主要分布于欧亚大陆北部。

乌林鸮 *Strix nebulosa*

英文名	Great Grey Owl	分类地位	鸮形目 鸱鸮科

保护级别 国家二级。

识别要点 大型鸮类。体长560~640mm，体重750~1005g。雌雄相似。成鸟头大，无耳簇羽，面盘显著，呈深浅灰色同心圆；上体暗灰褐色，具暗色和白色斑点；下体白色或灰白色，具宽阔的褐色纵纹。嘴黄色；虹膜黄褐色；跗跖被羽，爪黑色。

生活习性 主要栖息于原始针叶林及针阔叶混交林中。性情沉静机警，飞翔迅速而无声，或有攻击性。主要以啮齿动物为食。每年5~7月繁殖，多营巢于树上，每年1窝，每窝约4枚卵。在辽宁有繁殖记录。

分布范围 省内分布于沈阳、大连、鞍山等地。国内分布于东北北部和新疆北部，留鸟。国外主要分布于北美地区和欧亚大陆北部。

花头鸺鹠 *Glaucidium passerinum*

英文名　Eurasian Pygmy Owl　　**分类地位**　鸮形目　鸱鸮科

保护级别　国家二级。

识别要点　小型鸮类。体长159~180mm，体重48~75g。雌雄相似。面盘不显著，无耳簇羽；眼先及眉纹白色，羽轴黑色并延长成发须状；耳羽灰褐色，有白色横斑；上体大都灰褐色，在头、背和肩密布以白色斑点；颊和颏白色，喉灰褐色，具白色羽端；下体白色，胸和两胁具棕褐色条纹和淡黄白色横斑，腹白色，具黑褐色纵纹；尾下覆羽白色，具棕褐色端斑。嘴黄色；虹膜黄色；跗跖被羽。

生活习性　主要栖息于针叶林和针阔叶混交林中。多为夜行性；冬天有贮藏食物的习惯，常常把猎获的食物贮藏在树洞中。主要以鼠类为食，也吃蜥蜴、小型鸟类和昆虫等。每年4~5月繁殖，营巢于树洞中，常利用啄木鸟的旧树洞营巢，每年1窝，每窝4~6枚卵。在辽宁有繁殖记录。

分布范围　省内大部分地区均有分布。国内主要分布于东北地区和新疆北部，留鸟。国外主要分布于欧亚大陆北部。

纵纹腹小鸮 *Athene noctua*

英文名 Little Owl   **分类地位** 鸮形目 鸱鸮科

保护级别 国家二级。

识别要点 小型鸮类。体长 210~230mm，体重 105~260g。雌雄相似。成鸟头部黄褐色，头顶具白色点状斑纹，面盘和翎羽不明显，无耳羽簇，具较明显的白色眉纹；上体褐色，具白纵纹及点斑；下体棕白色，具褐色杂斑及纵纹；肩上有 2 道白色或皮黄色横斑；腹部的中央到肛周以及覆腿羽均为白色。嘴黄色；虹膜黄色；跗跖被羽。

生活习性 主要栖息于低山丘陵、林缘灌丛和平原森林地带，也出现在农田、荒漠和村庄附近的丛林中。常单独活动。以鞘翅目昆虫和鼠类为食。每年 4~6 月繁殖，多营巢于枯树的树顶或树洞中，有时会利用鸦科类的旧巢，每年 1 窝，每窝 3~8 枚卵。在辽宁有繁殖记录。

分布范围 省内大部分地区均有分布。国内间断性分布于新疆西部及从东北至西南的带状区域，留鸟。国外主要分布于欧亚大陆和印度次大陆。

日本鹰鸮 *Ninox japonica*

| 英文名 | Northern Boobook | 分类地位 | 鸮形目　鸱鸮科 |

保护级别　国家二级。

识别要点　中型鸮类。体长 220~330mm，体重 212~230g。雌雄相似。
成鸟外形似鹰，头部深褐色，没有显著的面盘、翎领和耳
羽簇；上体为暗棕褐色，前额为白色，肩部有白色斑，喉
部和前颈为皮黄色而具有褐色的条纹；尾和翅长，翅深褐
色，腹部具纵条纹；下体为白色，有水滴状的红褐色斑
点，尾羽上具有黑色横斑和端斑。嘴灰黑色；虹膜黄色；
跗跖被羽。

生活习性　主要栖息于山地阔叶林中。除繁殖期成对活动外，其他季节大多单独活动；雏鸟离巢后至迁
徙期间则大多呈家族群活动。主要以鼠类、小鸟和昆虫等为食。每年 5~7 月繁殖，多营巢
于天然树洞中，也会利用鸳鸯的旧巢，每年 1 窝，每窝 3 枚卵。在辽宁有繁殖记录。

分布范围　省内大部分地区均有分布。国内分布东部的大部分地区；繁殖于东北东南部、华北东部和
华东北部地区，越冬于长江中下游及以南地区。国外主要分布于欧亚大陆东部、中南半岛、
太平洋诸岛屿和华莱士区。

长耳鸮 *Asio otus*

| 英文名 | Long-eared Owl | | 分类地位 | 鸮形目　鸱鸮科 |

保护级别　国家二级。

识别要点　中型鸮类。体长327~393mm，体重208~326g。雌雄相似。成鸟面盘显著呈棕色，中部白色杂有黑褐色，面盘两侧为棕黄色而羽干白色，羽枝松散；前额为白色与褐色相杂状；眼内侧和上下缘具黑斑；皱领白色而羽端具黑褐色；耳羽发达，显著突出于头上，状如两耳、黑褐色；上体褐色，具暗色块斑及皮黄色和白色的点斑；下体皮黄色，具棕色杂纹及褐色纵纹及斑块。嘴暗黑色；虹膜橙红色；跗跖被羽。

生活习性　主要栖息于针叶林、针阔混交林和阔叶林等各种类型的森林中。夜行性，平时多单独或成对活动，但迁徙期间则大群活动。主要以小型哺乳类和鸟类为食。每年3月下旬进入繁殖期，每年1窝，每窝4~5枚卵，孵化期为31~33天。在辽宁有繁殖记录。

分布范围　省内大部分地区均有分布。国内除青藏高原和海南外大部分地区均有分布；其中北方繁殖，南方越冬，在新疆部分地区为留鸟。国外主要分布于北美地区和欧亚大陆。

短耳鸮 *Asio flammeus*

| **英文名** | Short-eared Owl | | **分类地位** | 鸮形目　鸱鸮科 |

保护级别　国家二级。

识别要点　中型鸮类。体长 344~398mm，体重 251~450g。雌雄相似。
　　　　　成鸟耳短小不外露，黑褐色，具棕色羽缘；面盘显著，眼
　　　　　周黑色，眼圈暗色，眼先及内侧眉斑白色，面盘余部棕黄
　　　　　色而杂以黑色羽干纹；皱领白色，羽端具细的黑褐色斑点；
　　　　　上体棕黄色，具黑褐色羽干纹；下体皮黄色，具深褐色纵
　　　　　纹；翅长，飞行时黑色腕斑显而易见。嘴灰黑色；虹膜黄
　　　　　色；跗跖被羽。

生活习性　主要栖息于低山、丘陵、苔原、荒漠、平原、沼泽、湖岸和草地等各类生境中。单独活动，
　　　　　越冬期偶集小群。主要以鼠类为食，也吃小鸟、蜥蜴和昆虫，偶尔也吃植物果实和种子。

分布范围　省内各地区均有分布。国内除青藏高原外均有分布；繁殖于东北北部，其他大部分地区为冬
　　　　　候鸟。国外主要分布于北美地区、欧亚大陆、非洲、中美洲、印度次大陆和中南半岛。

黑啄木鸟 *Dryocopus martius*

| 英文名 | Black Woodpecker | 分类地位 | 啄木鸟目 啄木鸟科 |

保护级别 国家二级。

识别要点 大型啄木鸟。体长 450~550mm，体重 325~352g。雄鸟通体黑色，头顶及前额红色。雌鸟似雄鸟，但羽色较淡，仅枕部红色。嘴灰白色，端部略深；虹膜灰白色；跗跖灰色。

生活习性 主要栖息于针叶林或针阔混交林中。飞行时呈波浪状，常单独活动。主要在粗枝和枯立木上取食，也常到地面和腐朽的倒木上觅食蚂蚁和昆虫。每年 4~6 月繁殖，多营巢于心材腐的树木或枯的树干上，每年 1 窝，每窝 3~6 枚卵，孵化期 12~14 天，育雏期 24~28 天。在辽宁有繁殖记录。

分布范围 省内分布于大连、丹东等地。国内分布于东北地区、新疆北部及青藏高原东缘，留鸟。国外主要分布于欧亚大陆。

黄爪隼 *Falco naumanni*

英文名	Lesser Kestrel	分类地位	隼形目　隼科

保护级别　国家二级。

识别要点　小型猛禽。体长290~320mm，翼展610~660mm，
体重124~225g。雌雄鸟异色。雄鸟头、颈和翅上
覆羽铅灰色，尾羽灰色，具宽阔白色端斑。雌鸟
前额为白色，具纤细的黑色羽干纹，眼上有一条
白色眉纹；头、颈、肩、背及翅上覆羽棕黄色或
淡栗色。嘴端灰色，基部淡黄色；虹膜深褐色；
跗跖黄色。

生活习性　主要栖息于开阔的荒山旷野、荒漠、草地、林缘、河谷和村庄附近以及农田地边的丛林地
带。喜欢群栖。主要以蝗虫、蚱蜢、金龟子等大型昆虫为食。

分布范围　省内各地区均有分布。国内分布于东北、西北、西南等地区；繁殖于西北至东北，在西南越
冬。国外主要分布于欧亚大陆和非洲。

红隼 *Falco tinnunculus*

英文名	Common Kestrel		分类地位	隼形目 隼科

保护级别　国家二级。

识别要点　小型猛禽。体长 305~360mm，翼展 690~740mm，
　　　　　体重 173~335g。雄鸟头蓝灰色，背和翅上覆羽砖
　　　　　红色，具三角形黑斑；腰、尾上覆羽和尾羽蓝灰
　　　　　色，尾具宽阔的黑色次端斑和白色端斑；颏、喉
　　　　　乳白色或棕白色，下体乳黄色或棕黄色，具黑褐
　　　　　色纵纹和斑点。雌鸟上体从头至尾棕红色，具黑
　　　　　褐色纵纹和横斑；下体乳黄色，除喉外均被黑褐
　　　　　色纵纹和斑点；具黑色眼下纵纹。嘴基部黄色，
　　　　　端部灰色；虹膜暗褐色；跗跖深黄色。

生活习性　常栖息于山地和旷野中。多单个或成对活动。主要捕食小型啮齿类动物、鸟和大型昆虫。3
　　　　　月中旬进入繁殖期，通常营巢于喜鹊等其他鸟类的旧巢中，每年 1 窝，每窝产 4~6 枚卵，
　　　　　孵卵主要由雌性承担，雄性偶尔替换雌性孵卵，孵化期约 27 天，育雏期 32~33 天。在辽宁
　　　　　有繁殖记录。

分布范围　省内各地区均有分布。国内各地均有分布。国外主要分布于欧亚大陆、非洲、印度次大陆、
　　　　　中南半岛和太平洋诸岛屿。

红脚隼 *Falco amurensis*

英文名 Amur Falcon　　　　　　　　　　**分类地位** 隼形目　隼科

保护级别 国家二级。

识别要点 小型猛禽。体长 260~300mm，翼展 630~710mm，体重 124~190g。雄鸟通体灰色无斑纹，腹面颜色稍浅；肛周、尾下、腿覆羽棕红色。雌鸟上体大致为石板灰色，具黑褐色羽干纹；腹面乳白色，胸部具黑褐色纵纹。幼鸟上体褐色，具宽的淡棕褐色端缘和显著的黑褐色横斑，胸和腹纵纹明显。虹膜暗褐色；跗跖红色。

生活习性 主要栖息于旷野。常成群活动，善振翅悬停。主要以昆虫为食。每年 5 月末产卵，多营巢于疏林地中高大乔木的顶端，每年 1 窝，每窝 3~5 枚卵，孵化期为 27~28 天，育雏期 27~30 天，双亲共同育雏。在辽宁有繁殖记录。

分布范围 省内大部分地区均有分布。国内广泛分布于除新疆及青藏高原以外的地区；北方为夏候鸟，南方为旅鸟。国外主要分布于欧亚大陆和非洲。

灰背隼 *Falco columbarius*

英文名	Merlin	分类地位	隼形目 隼科

保护级别 国家二级。

识别要点 小型猛禽。体长 270~330mm，翼展 640~730mm，体重 122~205g。成年雄鸟头部灰色，枕部棕红色；胸、腹部棕红色，具褐色点状斑；翼下浅色，具灰褐色斑，翼上覆羽和背部灰色；尾灰色，末端淡灰色或白色。雌鸟整体呈棕褐色，头部棕色，具白色眉纹；胸、腹部浅色，具粗壮的棕色斑点；翼下密布棕褐色斑纹；尾棕褐色，具深褐色横纹。幼鸟似雌鸟，羽端白棕色或白色。嘴端灰色，基部黄色；虹膜深褐色；跗跖黄色。

生活习性 主要栖息于开阔的林缘、山间及水边。常单独活动。主要以小型鸟类、鼠类和昆虫等为食。

分布范围 省内各地区均有分布。国内几乎遍布各地；新疆西北部有少量繁殖记录，越冬于南方大部分地区。国外主要分布于北美地区、欧亚大陆、中美洲、南美洲、印度次大陆、中南半岛和太平洋诸岛屿。

燕隼 *Falco subbuteo*

英文名 Eurasian Hobby   **分类地位** 隼形目 隼科

保护级别 国家二级。

识别要点 小型猛禽。体长 280~350mm，翼展 690~780mm，体重 120~294g。雌雄相似。成鸟上体为暗蓝灰色；有一个细细的白色眉纹；颊部有一个垂直向下的黑色髭纹；颈部的侧面、喉部、胸部和腹部均为白色；胸部和腹部有黑色的粗纵纹，下腹部至尾下覆羽和覆腿羽为棕栗色。嘴蓝灰色，嘴基黄色；虹膜深褐色；跗跖黄色。

生活习性 主要栖息于有稀疏树木生长的开阔平原、旷野、耕地、海岸、疏林和林缘地带。常单独或成对活动。主要以麻雀、山雀等雀形目小鸟为食。春季在 4 月中下旬迁到东北繁殖地，5~6 月产卵，多营巢于疏林地或林缘的树上，窝卵数 3~4 枚，孵化期为 26~28 天，育雏期 28~31 天，雌雄亲鸟共同育雏，但以雌鸟为主。在辽宁有繁殖记录。

分布范围 省内各地区均有分布。国内各地区均有分布；繁殖于北方大部分地区，多在南方越冬。国外主要分布于欧亚大陆、非洲、印度次大陆和中南半岛。

游隼 *Falco peregrinus*

英文名　Peregrine Falcon　　　　分类地位　隼形目　隼科

保护级别　国家二级。

识别要点　中型猛禽。体长 380~500mm，翼展
840~120mm，体重 647~825g。雌雄
相似。成鸟头顶和后颈暗石板蓝灰
色到黑色，背面蓝灰色，具黑褐色
羽干纹和横斑；腰和尾上覆羽为浅
蓝灰色，黑褐色横斑亦较窄；尾暗
蓝灰色，具黑褐色横斑和淡色尖端。
幼鸟上体暗褐色或灰褐色，具皮黄
色或棕色羽缘；下体淡黄褐色或皮
黄白色，具黑褐色纵纹；尾蓝灰色，具肉桂色或棕色横斑。嘴铅黑色，嘴基黄
色；虹膜深褐色；跗跖黄色。

生活习性　主要栖息于山地、丘陵、半荒漠、沼泽与湖泊沿岸地带。常单独活动。主要捕食野鸭、鸥、
鸠鸽类、乌鸦和鸡类等中小型鸟类。每年 4~6 月繁殖，多营巢于崖壁上，每年 1 窝，每窝
3~4 枚卵，孵化期 28~29 天，育雏期 35~40 天。在辽宁有繁殖记录。

分布范围　省内各地区均有分布。国内几乎均有分布；新疆北部及西南地区为留鸟，迁徙经过我国大部
分地区，越冬于东部及长江流域以南地区。国外大部分地区均有分布。

仙八色鸫 *Pitta nympha*

英文名 Fairy Pitta   **分类地位** 雀形目 八色鸫科

保护级别 国家二级。

识别要点 小型鸣禽。体长 176~212mm，体重 48~70g。雌雄相似。成鸟头深栗褐色，中央冠纹黑色；眉纹皮黄白色、窄而长，自额基一直延伸到后颈两侧；眉纹下面有一条宽阔的黑色贯眼纹，经眼先、颊、耳羽一直到后颈相连，形成翎斑状；喉白色，胸部及尾下覆羽鲜红色。嘴黑色；虹膜褐色或暗褐色；跗跖肉红色。

生活习性 主要栖息于平原至低山的次生阔叶林内。常在林下单独或成对活动。主要以蚯蚓、蜈蚣及鳞翅目幼虫为食。

分布范围 省内偶见于大连等地。国内主要繁殖于华东、华中及华南地区，东北沿海及华北地区偶有记录。国外主要分布于欧亚大陆东南部和中南半岛。

蒙古百灵 *Melanocorypha mongolica*

英文名 Mongolian Lark **分类地位** 雀形目 百灵科

保护级别 国家二级。

识别要点 小型鸣禽。体长 165~210mm，体重 45~60g。雌雄相似。成鸟头顶中央棕黄色，四周栗红色，前端栗红色扩展至额部，后面延伸至后颈；眼周、眉纹棕白色，两侧眉纹并向后延伸至枕部相连；颊和耳区棕黄色或棕红色；背、腰栗褐色具棕黄色或棕灰色羽缘。嘴铅黄色；虹膜褐色或灰褐色；跗跖肉粉色。

生活习性 主要栖息于草原、半荒漠等开阔地区。喜鸣唱，越冬期多集群活动。主要以草籽、嫩芽等为食。

分布范围 省内各地区均有分布。国内主要分布于东北西北部至青海东南部，多为留鸟。国外主要分布于欧亚大陆东北部。

云雀 *Alauda arvensis*

英文名 Eurasian Skylark **分类地位** 雀形目 百灵科

保护级别 国家二级。

识别要点 小型鸣禽。体长 151~192mm，体重 23~45g。雌雄相似。成鸟背部黑褐色和浅黄色，胸腹部白色至深棕色；外尾羽白色，尾巴棕色；后脑具羽冠；后趾具 1 长而直的爪；跗跖后缘具盾状鳞。嘴角质色，下嘴基部为黄褐色；虹膜深褐色；跗跖肉色。

生活习性 主要栖息于草原、荒漠、半荒漠等地。除繁殖期外多成群活动。以植物种子、昆虫等为食。4 月进入繁殖期，窝卵数 3~5 枚，由雌鸟孵化，孵化期为 11 天左右。在辽宁有繁殖记录。

分布范围 省内主要分布于沈阳、大连、本溪、丹东、铁岭等地。国内大部分地区有分布。国外主要分布于欧亚大陆、非洲和印度次大陆。

细纹苇莺 *Acrocephalus sorghophilus*

| 英文名 | Streaked Reed Warbler | 分类地位 | 雀形目 苇莺科 |

保护级别 国家二级。

识别要点 小型鸣禽。体长 120~134mm，体重 9~10g。雌雄相似。成鸟上体为褐色或黄褐色，头顶至背具褐色或黑褐色细纵纹，其中头顶至后颈纵纹极细微；背、肩纵纹较显著；眉纹淡黄色、宽长而清晰；眉纹上面有一窄的黑色侧冠纹，贯眼纹黑褐色，颊和耳羽赭黄色；下体颏、喉皮黄色，其余下体淡皮黄色；有的胸、两胁和尾下覆羽沾黄褐色。上嘴黑色，下嘴偏黄；虹膜褐色；跗跖暗褐色。

生活习性 主要栖息于湖泊、河流等水域和水域附近的芦苇丛和草丛中。常单独活动。以昆虫及其幼虫为食。每年 5 月下旬迁来，在繁殖地停留 80~100 天，每窝产卵约 5 枚，孵化期为 13~14天，雌、雄鸟均参加育雏。在辽宁有繁殖记录。

分布范围 省内主要分布于大连、朝阳等地。在国内渤海北部区域为夏候鸟，东部、东南沿海及台湾为旅鸟。国外主要分布于欧亚大陆东部和太平洋诸岛屿。

震旦鸦雀 *Paradoxornis heudei*

英文名 Reed Parrotbill　　　**分类地位** 雀形目　莺鹛科

保护级别　国家二级。

识别要点　体长 180~200mm，体重 18~48g。雌雄相似。额、头顶及颈背灰色，黑色眉纹上缘黄褐色而下缘白色；上背黄褐色，通常具黑色纵纹；下背黄褐色；有狭窄的白色眼圈；中央尾羽沙褐色，其余黑色而羽端白色；颏、喉及腹中心近白色，两胁黄褐色；翼上肩部浓黄褐色。嘴黄色；虹膜深褐色；跗跖肉色。

生活习性　一般在长势较好的芦苇中活动。成对或集群活动。夏季以昆虫为食，冬季吃浆果。每年 5~8 月繁殖，窝卵数约 5 枚，孵化期为 15~17 天，亲鸟轮流孵化，育雏期 16~17 天，雌雄共同育雏。在辽宁有繁殖记录。

分布范围　省内主要分布于抚顺、盘锦等地。国内广泛但间断分布于东北、东部沿海及内陆芦苇湿地。中国特有种。

红胁绣眼鸟 *Zosterops erythropleurus*

英文名　Chestnut-flanked White-eye　　　　**分类地位**　雀形目　绣眼鸟科

保护级别　国家二级。

识别要点　小型鸣禽。体长102~118mm，体重12~13g。雌雄相
　　　　　似。体羽橄榄绿色，眼周具一圈绒状白色短羽；眼
　　　　　先黑色，眼下方具一黑色细纹；颏、喉、颈侧和前
　　　　　胸呈鲜硫黄色；后胸和腹部中央乳白色，后胸两侧
　　　　　苍灰色；尾下覆羽明黄色，胁部栗红色。上嘴褐色，
　　　　　下嘴肉褐色；虹膜红褐色；跗跖灰黑色。

生活习性　主要栖息于阔叶林和以阔叶树为主的林地。成对或集小群活动。夏季以食昆虫为主，冬季则
　　　　　以植物性食物为主。

分布范围　省内大部分地区均有分布。国内繁殖于东北、华北地区，迁徙经过中部和东部大部分地区，
　　　　　越冬于南部地区。国外主要分布于欧亚大陆东部和中南半岛。

画眉 *Garrulax canorus*

英文名 Hwamei　　　　　　　　　　　　**分类地位** 雀形目　噪鹛科

保护级别　国家二级。

识别要点　中型鸣禽。体长 195~256mm，体重 54~75g。雌雄相似。成鸟上体橄榄褐色，头顶至上背棕褐色具黑色纵纹；眼圈白色，并沿上缘形成一窄纹向后延伸至枕侧，形成清晰的眉纹；下体棕黄色，喉至上胸杂有黑色纵纹，腹中部灰色。嘴偏黄色；虹膜褐色或浅黄色；跗跖黄褐色。

生活习性　栖息于海拔 1500m 以下的山丘的灌丛和村落附近的灌丛或竹林中。常单独或成对活动，偶尔也结成小群；性胆怯而机敏，平时多隐匿于茂密的灌木丛和杂草丛中。主要取食昆虫，兼食草籽、野果。多营巢于树下草丛或灌丛中，每窝 3~5 枚。在辽宁有繁殖记录。

分布范围　省内主要分布于大连地区，为逃逸鸟。国内广泛分布于南方地区，为留鸟。国外主要分布于中南半岛和太平洋诸岛屿。

棕噪鹛 *Garrulax berthemyi*

英文名 Buffy Laughingthrush　　　**分类地位** 雀形目　噪鹛科

保护级别 国家二级。

识别要点 中型鸣禽。体长234~292mm，体重80~100g。雌雄相似。成鸟上体栗褐色，前额及眼先黑色，眼周裸皮浅蓝色；头、胸及背部棕黄色，两翼及尾羽栗色，下体灰白色，外侧尾羽末端白色。嘴黄色，基部黑色；虹膜褐色；跗跖灰色。

生活习性 栖息于丘陵及山区原始阔叶林。善鸣叫，喜成群。以啄食昆虫为主，也吃植物的果实和种子。

分布范围 省内偶见于大连、锦州、阜新、朝阳、葫芦岛等地，为逃逸鸟。国内主要分布于我国东南部地区。中国特有种。

红翅噪鹛 *Trochalopteron formosum*

英文名 Red-winged Laughingthrush　　**分类地位** 雀形目　噪鹛科

保护级别　国家二级。

识别要点　中型鸣禽。体长206~285mm，体重57~95g。雌雄相似。成鸟前额、头顶及耳羽灰白色具黑色
细纹；眼先、眉纹、耳羽后缘、颏及喉部烟黑色；颈背及胸部褐色，腹、腰及尾下覆羽灰褐
色；飞羽黑褐色，具大块红色翼斑；尾羽红色，末端深色。嘴近黑色；虹膜褐色；跗跖褐色。

生活习性　主要栖息于阔叶林、针阔混交林等生境及竹林的地面或近地面处。成对或集小群活动。主要
以昆虫和植物为食。

分布范围　省内主要分布于大连、鞍山等地，为逃逸鸟。国内分布于西南部，为留鸟。国外主要分布于
欧亚大陆南部和中南半岛。

红喉歌鸲 *Calliope calliope*

英文名 Siberian Rubythroat　　**分类地位** 雀形目 鸫科

保护级别 国家二级。

识别要点 小型鸣禽。体长 140~160mm，体重 16~27g。雄鸟头部、上体为橄榄褐色；颊部灰褐色，具白色髭纹；眉纹白色；颏部、喉部红色，周围有黑色狭纹；胸部灰色，腹部白色，两胁棕褐色。雌鸟颏部、喉部均为白色。嘴黑色；虹膜褐色；跗跖粉褐色。

生活习性 属地栖性鸟类，活动于森林密丛及次生植被；喜欢在地面上活动，常在平原的繁茂树丛、灌木丛、芦苇丛、草丛中间跳跃，或在附近地面奔驰。常单独或成对活动。主要以昆虫为食，也吃少量植物性食物。

分布范围 省内大部分地区均有分布。国内主要分布于东部的大部分地区；东北地区为夏候鸟，南部为冬候鸟，其他为旅鸟。国外主要分布于欧亚大陆东部、中南半岛和太平洋诸岛屿。

蓝喉歌鸲 *Luscinia svecica*

英文名 Bluethroat　　　　　　**分类地位** 雀形目　鹟科

保护级别　国家二级。

识别要点　小型鸣禽。体长 140~160mm，体重 17~18g。雄鸟上体灰褐色，具明显的白色眉纹。喉部蓝色，具棕色斑；胸部具较粗的黑色和棕色横带；腹部至尾下覆羽近白色。雌鸟似雄鸟，但喉部白色为主，具黑色髭纹。嘴黑色；虹膜褐色；跗跖粉褐色。

生活习性　主要栖息于灌丛或芦苇丛中，靠近溪流。性情隐怯，常在地下作短距离奔驰，稍停，不时地扭动尾羽或将尾羽展开。主要以昆虫、蠕虫等为食，也吃植物种子等。

分布范围　省内大部分地区均有分布。国内大部分地区均有分布；东北北部和西北地区为夏候鸟，南部为冬候鸟，其他为旅鸟。国外主要分布于欧亚大陆、非洲和印度次大陆。

北朱雀 *Carpodacus roseus*

英文名 Pallas's Rosefinch　　　　**分类地位** 雀形目　燕雀科

保护级别　国家二级。

识别要点　小型鸣禽。体长 141~179mm，体重 19~34g。雄鸟头部红色，前额、头顶及喉部粉红色，具白色鳞状斑；背部红色，具黑褐色纵纹；腰和尾上覆羽粉红色，无纵纹；两翼褐色，具粉红色羽缘；尾羽黑褐色，羽缘红色；下体红色，腹部近白色。雌鸟头部红褐色，头顶具黑色纵纹；背和两翼淡褐色，具黑褐色纵纹；背和两翼淡褐色，具黑褐色纵纹；颏、喉和胸部淡棕色，具黑色纵纹；腹部及尾下覆羽白色，具深色纵纹。嘴灰褐色；虹膜褐色；跗跖褐色。

生活习性　主要栖息于低海拔山区的针阔叶混交林、阔叶混交林和阔叶林，丘陵地带的杂木林，平原的榆、柳林。集小群活动，常与其他朱雀和岩鹨类等混群。主要以杂草种子、灌木种子为食，繁殖期以昆虫为食。

分布范围　省内主要分布于沈阳、大连、鞍山、本溪、朝阳等地。国内分布于东北、华北、华中和华东地区，冬候鸟。国外主要分布于欧亚大陆东部。

红交嘴雀 *Loxia curvirostra*

英文名 Red Crossbill   **分类地位** 雀形目 燕雀科

保护级别 国家二级。

识别要点 小型鸣禽。体长145~175mm，体重28~48g。雄鸟整体朱红色，翼和尾近黑褐色，无翼斑。雌鸟似雄鸟，但雄鸟体羽的红色部分在雌鸟为黄绿色。幼鸟似雌鸟，但具较多纵纹。嘴黑褐色，而嘴端有明显的侧交叉；虹膜呈深褐色；跗跖黑褐色。

生活习性 栖息在寒温针叶带的各种林型中，尤喜欢在鱼鳞云杉-臭冷杉林和黄花落叶松-白桦林中生活。性活跃，喜集群，除繁殖期间单独或成对活动外，其他季节多成群活动，冬季游荡但部分结群迁徙。食性以针叶树种子为主。

分布范围 省内主要分布于沈阳、大连、鞍山、本溪、丹东等地。国内广布于长江以北地区，多数为留鸟。国外主要分布于北美地区、欧亚大陆、中美洲、中南半岛和太平洋诸岛屿。

桓仁滑蜥 *Scincella huanrenensis*

英文名 Huanren Dwarfskink　　　　**分类地位** 有鳞目　石龙子科

保护级别　国家二级。

识别要点　小型蜥蜴。体态修长，卵胎生。头体长平均 53.2mm，尾长约为头体长的 1.3 倍。全体鳞片平滑无棱，体侧有鳞，背鳞较体侧鳞宽大但不超过侧鳞的 2 倍，腹鳞鳞缘多黑褐色；肛前鳞 2 枚，较大且长宽不相等；体侧有一深色纵纹，自吻端开始，经过眼、耳上缘和四肢基部上方，向后至尾端；腹面蓝灰色，尾腹面亦散有许多深色细点斑；四肢短弱，不扁平，贴体相对；指、趾相距约等于前肢长度，前（后）肢 5 指（趾）都有细小锐爪，前肢第 3、4 指等长，第 4 趾趾下瓣 13~16 枚单行排列；尾圆柱形，末端渐细；尾下正中 1 行鳞宽大，雄性尾基较粗。

生活习性　栖息在较开阔的山谷荒坡和稀疏林缘，喜欢活动在利于躲避的腐殖质上和乱石间。白天气温上升后，会移动到阳光直射的石头上提高自身体温，随后进行摄食等活动。夜间则大多是单只或几只共同栖息于石块等隐蔽物下，少数栖居于自己打造的洞穴中。食蚊、蝇、蜘蛛和蚯蚓以及昆虫卵、幼虫和蛾类。通常 4 月初出蛰，约 4 月中旬进入交配期，集中在 7 月下旬至 8 月初产仔，数量为 2~5 枚。母蜥没有护幼及抚育行为，偶有吞食仔蜥的行为。当年的幼体要经过两个冬眠期才能性成熟。一般在 10 月末至 11 月初左右开始冬眠，幼体较成体冬眠晚。

分布范围　省内主要分布于本溪地区。国内仅辽宁和吉林地区有分布。国外分布于朝鲜半岛。

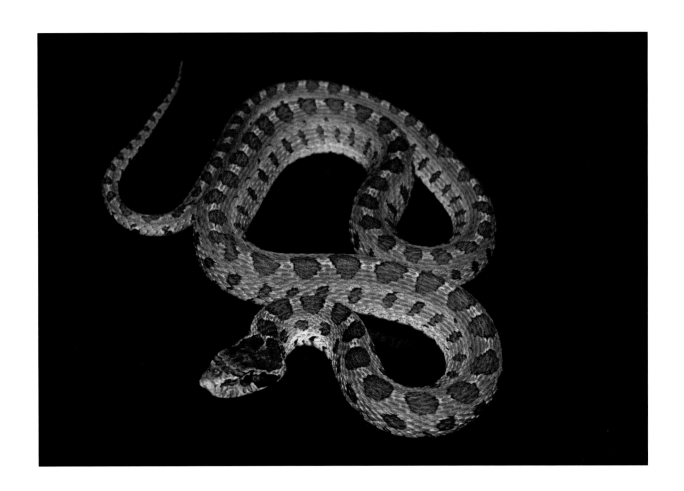

团花锦蛇 *Elaphe davidi*

英文名 Père David's Rat Snake   **分类地位** 有鳞目 游蛇科

保护级别 国家二级。

识别要点 体型粗圆，成体全长 292~1410mm，雄性略长，幼体 292~462mm。头略扁而稍长，与颈区分明显，尾相对较短；眼大而圆，瞳孔圆形；卵生，卵色灰白；吻鳞近半圆形，宽大于高；鼻间鳞近方形，鳞沟短于前额鳞沟；前额鳞长约为鼻间鳞的 1.5 倍，背鳞最外行平滑，余皆起棱，从两侧至背中线鳞棱逐渐加强；腹鳞宽大，浅黄色；背中央及两侧有三行镶黑边的暗褐色椭圆形斑纹，似团花，中央的一行斑纹大小为两侧斑纹的两倍以上，有一条不明显背中央线连接于大斑纹间。幼体褐色，背面的圆斑较成体色深，为棕黑色，周缘黑边不明显，腹鳞亦为乳白或灰白色。性格暴躁，受惊时头呈三角形，易被误认为毒蛇，实为一种无毒蛇。

生活习性 生活环境多样，主要活动于平原、丘陵、山地、果园、住宅附近。捕食蜥蜴、鼠类和鸟卵，行动迅速，耐饿力极强。夏季常到水源饮水。在潮湿的石下或石缝里产卵，每窝 7~8 枚，均黏连在一起，孵化期为 15~20 天。

分布范围 省内主要分布于沈阳。国内主要分布于东北及华北地区，数量很少。国外主要分布于欧亚大陆。

蛇岛蝮 *Gloydius shedaoensis*

英文名 Shedao Pit Viper   **分类地位** 有鳞目 蝰科

保护级别 国家二级。

识别要点 体长可达 800mm，体型粗壮，卵胎生。头略呈三角形，有颊窝，眼后斜向口角有一细窄的黑褐色眉纹，其下缘镶有一极细的灰白色线纹；躯尾背面灰褐色，有一列暗褐色的"X"形斑；躯干中段背鳞23行，各鳞均具棱，但最下一行仅有部分鳞片微棱；腹鳞150~164枚，尾下鳞32~47对，眶后鳞常为2枚，眶下鳞基本上位于眼下方；对应于前半段腹鳞的背鳞25~23行，黑色颞纹较窄，仅占大型颞鳞的上半部分，其上缘无白线镶边而下缘具明显的3段稍弯曲白边；两侧上唇鳞均8枚，有时有一侧为7枚或9枚；生活时舌呈黑色。

生活习性 多趴伏在树枝上，或潜伏于灌丛下、草丛中、岩石边，蜷曲成"S"状，伺机捕食停落旁边的小型鸟类。每日 5:00~10:00、15:00~19:00 是活动高峰。每年 4~5 月、9~10 月是最活跃的季节。6 月下旬至 8 月上旬夏眠。11 月至翌年 4 月冬眠。夏眠期间交配，翌年 6~7 月受孕，8~9 月产仔，每次 1~8 条，平均 4 条。

分布范围 分布于大连蛇岛。鞍山、大连的庄河、瓦房店、普兰店等辽东半岛的山区，有其近源种——蛇岛蝮千山亚种分布。

两栖纲 。 Amphibian

史氏蟾蜍 *Bufo stejnegeri*

英文名 Stejneger's Toad　　**分类地位** 无尾目　蟾蜍科

保护级别　国家二级。

识别要点　雄性头体长 53~58 mm，雌性 52~58 mm。头宽大于头；吻宽而钝圆，吻棱明显；耳后腺近圆形，无鼓膜，无耳柱骨，无声囊；鼻孔近吻端，鼻间距小于眼间距；上颌无齿，无犁骨齿；舌长，呈椭圆形，游离端圆。皮肤粗糙，背面、腹侧及四肢密布小锥状疣；上眼睑和耳后腺内侧各有 1 行瘰粒，呈倒"八"字形。前肢细长，约为体长的一半；趾略扁，部分关节下瘤成对；外掌突呈椭圆形、较大，内掌突小而狭窄；雄蟾第一、第二指上有婚刺；后肢较短，前伸贴体时胫跗关节前达肩后，左右跟部不相遇，足比胫长；指端钝圆，指式由大到小依次为 3、4、1、2，部分趾关节下瘤成对内跖突大于外跖突，具游离刃。体背面灰褐色或棕褐色，自吻端至泄殖肛孔上方有一条浅色脊纹；肩两侧分别有一个较大的浅色三角斑；背部黑纹呈"八"字形；四肢背面有 3~4 条深色横斑；腹面淡黄褐色，无斑纹或斑纹不明显。第 30~31 期蝌蚪全长 18~20mm，头体长 6~7mm；背面棕褐色；尾末端钝圆；仅两口角有唇乳突。

生活习性　多栖于海拔 200~700m 山区河流附近的杂草、灌丛或石下。日伏夜出，多在 19：00~23：00 或雨天活动；以昆虫、蚯蚓等小动物为食。每年 9 月末入蛰，翌年 3 月末出蛰并繁殖产卵，每条雌蟾产 2 条胶质卵带，每条含 350~480 卵粒。

分布范围　省内主要分布于大连、丹东。国内除辽宁外，吉林南部地区也偶有记载。国外分布于朝鲜半岛。

参考文献

Andrew T. Smith，等，2009. 中国兽类野外手册 [M]. 湖南：湖南教育出版社 .

陈鹏，1986. 动物地理学 [M]. 北京：高等教育出版社 .

费梁，等，2005. 常见蛙蛇类识别手册 [M]. 北京：中国林业出版社 .

费梁，等，2012. 中国两栖动物及其分布彩色图鉴 [M]. 四川：四川科学技术出版社 .

高玮，2006. 中国东北地区鸟类及其生态学研究 [M]. 北京：科学出版社 .

刘阳，等，2021. 中国鸟类观察手册 [M]. 湖南：湖南科学技术出版社 .

宋晔，等，2016. 中国鸟类图鉴（猛禽版）[M]. 福州：海峡出版发行集团 海峡书局 .

盛和林，等，1999. 中国野生哺乳动物 [M]. 北京：中国林业出版社 .

王鸿举，2016. 中华人民共和国野生动物保护法解读 [M]. 北京：中国法制出版社 .

王小平，2016. 蛇岛老铁山保护区鸟类图谱 [M]. 沈阳：辽宁民族出版社 .

岩崑，等，2006. 中国兽类识别手册 [M]. 北京：中国林业出版社 .

约翰·马敬能，等，2000. 中国鸟类野外手册 [M]. 湖南：湖南教育出版社 .

赵尔宓，2006. 中国蛇类 [M]. 安徽：安徽科学技术出版社 .

赵欣如，2018. 中国鸟类图鉴 [M]. 北京：北京商务印书馆 .

章麟，等，2018. 中国鸟类图鉴（鸻鹬版）[M]. 福州：海峡出版发行集团 海峡书局 .

郑光美，2017. 中国鸟类分类与分布名录 [M]. 北京：科学出版社 .

郑作新，1964. 中国鸟类系统检索 [M]. 北京：科学出版社 .

附 录

辽宁省国家重点保护陆生野生动物名录

序号	中文名	学名	保护级别	备注
		脊索动物门 CHORDATA		
		哺乳纲 MAMMALIA		
	食肉目	CARNIVORA		
	犬科	Canidae		
1	狼	Canis lupus	二级	
2	貉	Nyctereutes procyonoides	二级	仅限野外种群
3	赤狐	Vulpes vulpes	二级	
	熊科	Ursidae		
4	黑熊	Ursus thibetanus	二级	
	鼬科	Mustelidae		
5	黄喉貂	Martes flavigula	二级	
6	紫貂	Martes zibellina	一级	
	猫科	Felidae		
7	豹猫	Prionailurus bengalensis	二级	
8	猞猁	Lynx lynx	二级	
9	豹	Panthera pardus	一级	
	偶蹄目	ARTIODACTYLA		
	麝科	Moschidae		
10	原麝	Moschus moschiferus	一级	
	鹿科	Cervidae		
11	獐	Hydropotes inermis	二级	原名"河麂"
12	梅花鹿	Cervus nippon	一级	仅限野外种群
13	马鹿	Cervus canadensis	二级	仅限野外种群
		鸟纲 AVES		
	鸡形目	GALLIFORMES		
	雉科	Phasianidae		
14	花尾榛鸡	Tetrastes bonasia	二级	
15	黑琴鸡	Lyrurus tetrix	一级	
16	勺鸡	Pucrasia macrolopha	二级	
	雁形目	ANSERIFORMES		
	鸭科	Anatidae		
17	鸿雁	Anser cygnoid	二级	

序号	中文名	学名	保护级别	备注
18	白额雁	*Anser albifrons*	二级	
19	小白额雁	*Anser erythropus*	二级	
20	疣鼻天鹅	*Cygnus olor*	二级	
21	小天鹅	*Cygnus columbianus*	二级	
22	大天鹅	*Cygnus cygnus*	二级	
23	鸳鸯	*Aix galericulata*	二级	
24	棉凫	*Nettapus coromandelianus*	二级	
25	花脸鸭	*Sibirionetta formosa*	二级	
26	青头潜鸭	*Aythya baeri*	一级	
27	斑头秋沙鸭	*Mergellus albellus*	二级	
28	中华秋沙鸭	*Mergus squamatus*	一级	
	䴙䴘目	**PODICIPEDIFORMES**		
	䴙䴘科	**Podicipedidae**		
29	赤颈䴙䴘	*Podiceps grisegena*	二级	
30	角䴙䴘	*Podiceps auritus*	二级	
31	黑颈䴙䴘	*Podiceps nigricollis*	二级	
	鸽形目	**COLUMBIFORMES**		
	鸠鸽科	**Columbidae**		
32	红翅绿鸠	*Treron sieboldii*	二级	
	鹃形目	**CUCULIFORMES**		
	杜鹃科	**Cuculidae**		
33	小鸦鹃	*Centropus bengalensis*	二级	
	鸨形目	**OTIDIFORMES**		
	鸨科	**Otididae**		
34	大鸨	*Otis tarda*	一级	
	鹤形目	**GRUIFORMES**		
	秧鸡科	**Rallidae**		
35	花田鸡	*Coturnicops exquisitus*	二级	
36	斑胁田鸡	*Zapornia paykullii*	二级	
	鹤科	**Gruidae**		
37	白鹤	*Grus leucogeranus*	一级	
38	沙丘鹤	*Grus canadensis*	二级	
39	白枕鹤	*Grus vipio*	一级	
40	蓑羽鹤	*Grus virgo*	二级	
41	丹顶鹤	*Grus japonensis*	一级	
42	灰鹤	*Grus grus*	二级	
43	白头鹤	*Grus monacha*	一级	

序号	中文名	学名	保护级别		备注
	鸻形目	**CHARADRIIFORMES**			
	鹮嘴鹬科	**Ibidorhynchidae**			
44	鹮嘴鹬	*Ibidorhyncha struthersii*		二级	
	鹬科	**Scolopacidae**			
45	半蹼鹬	*Limnodromus semipalmatus*		二级	
46	小杓鹬	*Numenius minutus*		二级	
47	白腰杓鹬	*Numenius arquata*		二级	
48	大杓鹬	*Numenius madagascariensis*		二级	
49	小青脚鹬	*Tringa guttifer*	一级		
50	翻石鹬	*Arenaria interpres*		二级	
51	大滨鹬	*Calidris tenuirostris*		二级	
52	勺嘴鹬	*Calidris pygmeus*	一级		
53	阔嘴鹬	*Calidris falcinellus*		二级	
	鸥科	**Laridae**			
54	黑嘴鸥	*Saundersilarus saundersi*	一级		
55	小鸥	*Hydrocoloeus minutus*		二级	
56	遗鸥	*Ichthyaetus relictus*	一级		
	鹳形目	**CICONIIFORMES**			
	鹳科	**Ciconiidae**			
57	黑鹳	*Ciconia nigra*	一级		
58	东方白鹳	*Ciconia boyciana*	一级		
	鲣鸟目	**SULIFORMES**			
	军舰鸟科	**Fregatidae**			
59	白腹军舰鸟	*Fregata andrewsi*	一级		
60	黑腹军舰鸟	*Fregata minor*		二级	
61	白斑军舰鸟	*Fregata ariel*		二级	
	鸬鹚科	**Phalacrocoracidae**			
62	海鸬鹚	*Phalacrocorax pelagicus*		二级	
	鹈形目	**PELECANIFORMES**			
	鹮科	**Threskiornithidae**			
63	黑头白鹮	*Threskiornis melanocephalus*	一级		原名"白鹮"
64	白琵鹭	*Platalea leucorodia*		二级	
65	黑脸琵鹭	*Platalea minor*	一级		
	鹭科	**Ardeidae**			
66	栗头鳽	*Gorsachius goisagi*		二级	
67	黄嘴白鹭	*Egretta eulophotes*	一级		
	鹈鹕科	**Pelecanidae**			
68	卷羽鹈鹕	*Pelecanus crispus*	一级		

序号	中文名	学名	保护级别	备注
	鹰形目	ACCIPITRIFORMES		
	鹗科	**Pandionidae**		
69	鹗	*Pandion haliaetus*	二级	
	鹰科	**Accipitridae**		
70	黑翅鸢	*Elanus caeruleus*	二级	
71	胡兀鹫	*Gypaetus barbatus*	一级	
72	凤头蜂鹰	*Pernis ptilorhynchus*	二级	
73	高山兀鹫	*Gyps himalayensis*	二级	
74	秃鹫	*Aegypius monachus*	一级	
75	蛇雕	*Spilornis cheela*	二级	
76	短趾雕	*Circaetus gallicus*	二级	
77	鹰雕	*Nisaetus nipalensis*	二级	
78	乌雕	*Clanga clanga*	一级	
79	靴隼雕	*Hieraaetus pennatus*	二级	
80	草原雕	*Aquila nipalensis*	一级	
81	白肩雕	*Aquila heliaca*	一级	
82	金雕	*Aquila chrysaetos*	一级	
83	白腹隼雕	*Aquila fasciata*	二级	
84	凤头鹰	*Accipiter trivirgatus*	二级	
85	赤腹鹰	*Accipiter soloensis*	二级	
86	日本松雀鹰	*Accipiter gularis*	二级	
87	松雀鹰	*Accipiter virgatus*	二级	
88	雀鹰	*Accipiter nisus*	二级	
89	苍鹰	*Accipiter gentilis*	二级	
90	白头鹞	*Circus aeruginosus*	二级	
91	白腹鹞	*Circus spilonotus*	二级	
92	白尾鹞	*Circus cyaneus*	二级	
93	鹊鹞	*Circus melanoleucos*	二级	
94	黑鸢	*Milvus migrans*	二级	
95	玉带海雕	*Haliaeetus leucoryphus*	一级	
96	白尾海雕	*Haliaeetus albicilla*	一级	
97	虎头海雕	*Haliaeetus pelagicus*	一级	
98	灰脸鵟鹰	*Butastur indicus*	二级	
99	毛脚鵟	*Buteo lagopus*	二级	

序号	中文名	学名	保护级别	备注
100	大鵟	*Buteo hemilasius*	二级	
101	普通鵟	*Buteo japonicus*	二级	
	鸮形目	**STRIGIFORMES**		
	鸱鸮科	**Strigidae**		
102	北领角鸮	*Otus semitorques*	二级	
103	红角鸮	*Otus sunia*	二级	
104	雪鸮	*Bubo scandiacus*	二级	
105	雕鸮	*Bubo bubo*	二级	
106	灰林鸮	*Strix aluco*	二级	
107	长尾林鸮	*Strix uralensis*	二级	
108	乌林鸮	*Strix nebulosa*	二级	
109	花头鸺鹠	*Glaucidium passerinum*	二级	
110	纵纹腹小鸮	*Athene noctua*	二级	
111	日本鹰鸮	*Ninox japonica*	二级	
112	长耳鸮	*Asio otus*	二级	
113	短耳鸮	*Asio flammeus*	二级	
	啄木鸟目	**PICIFORMES**		
	啄木鸟科	**Picidae**		
114	黑啄木鸟	*Dryocopus martius*	二级	
	隼形目	**FALCONIFORMES**		
	隼科	**Falconidae**		
115	黄爪隼	*Falco naumanni*	二级	
116	红隼	*Falco tinnunculus*	二级	
117	红脚隼	*Falco amurensis*	二级	
118	灰背隼	*Falco columbarius*	二级	
119	燕隼	*Falco subbuteo*	二级	
120	猎隼	*Falco cherrug*	一级	
121	矛隼	*Falco rusticolus*	一级	
122	游隼	*Falco peregrinus*	二级	
	雀形目	**PASSERIFORMES**		
	八色鸫科	**Pittidae**		
123	仙八色鸫	*Pitta nympha*	二级	
	百灵科	**Alaudidae**		
124	蒙古百灵	*Melanocorypha mongolica*	二级	

序号	中文名	学名	保护级别	备注
125	云雀	*Alauda arvensis*	二级	
	苇莺科	**Acrocephalidae**		
126	细纹苇莺	*Acrocephalus sorghophilus*	二级	
	莺鹛科	**Sylviidae**		
127	震旦鸦雀	*Paradoxornis heudei*	二级	
	绣眼鸟科	**Zosteropidae**		
128	红胁绣眼鸟	*Zosterops erythropleurus*	二级	
	噪鹛科	**Leiothrichidae**		
129	画眉	*Garrulax canorus*	二级	
130	棕噪鹛	*Garrulax berthemyi*	二级	
131	红翅噪鹛	*Trochalopteron formosum*	二级	
	鹟科	**Muscicapidae**		
132	红喉歌鸲	*Calliope calliope*	二级	
133	蓝喉歌鸲	*Luscinia svecica*	二级	
	燕雀科	**Fringillidae**		
134	北朱雀	*Carpodacus roseus*	二级	
135	红交嘴雀	*Loxia curvirostra*	二级	
	鹀科	**Emberizidae**		
136	栗斑腹鹀	*Emberiza jankowskii*	一级	
137	黄胸鹀	*Emberiza aureola*	一级	
	爬行纲 REPTILIA			
	有鳞目	SQUAMATA		
	石龙子科	**Scincidae**		
138	桓仁滑蜥	*Scincella huanrenensis*	二级	
	游蛇科	**Colubridae**		
139	团花锦蛇	*Elaphe davidi*	二级	
	蝰科	**Viperidae**		
140	蛇岛蝮	*Gloydius shedaoensis*	二级	
	两栖纲 AMPHIBIA			
	无尾目	ANURA		
	蟾蜍科	**Bufonidae**		
141	史氏蟾蜍	*Bufo stejnegeri*	二级	

中文名索引

学名索引